수학교실 3 : 신기한 측정의 세계

KB191457

영재들의 1등급 수학교실 ❸ : 신기한 측정의 세계

펴 냄	2008년 7월 16일 1판 1쇄 박음 / 2008년 7월 20일 1판 1쇄 펴냄
지 은 이	신항균
일러스트	이유진
펴 낸 이	김철종
펴 낸 곳	(주)한언
	등록번호 제1−128호 / 등록일자 1983. 9. 30
주 소	서울시 마포구 신수동 63−14 구 프라자 6층(우 121−854)
	TEL. (대)701-6616 / FAX. 701-4449
책임편집	이도화 dhlee@haneon.com
디 자 인	백은미 embaek@haneon.com
홈페이지	**www.haneon.com**
e-mail	haneon@haneon.com

저자와의 협의하에 인지 생략

I S B N	978-89-5596-493-6 64410
	978-89-5596-470-7 64410(세트)

영재들의 1등급

수학교실 3 : 신기한 측정의 세계

신항균 지음

믿음과

아르키메데스가 알려주는
측정의 놀라움

1965년 호텔을 짓는 공사장에서 이상한 그림이 그려진 돌덩이가 발견되었어요. 돌덩이에는 원기둥 안에 공이 하나 들어가 있는 그림이 그려져 있었습니다. 학자들이 돌덩이를 분석한 결과 "유레카!"의 주인공인 아르키메데스의 묘비라는 사실이 밝혀졌답니다. 다른 수학자들과 달리 아르키메데스는 우리 생활에 쓰이는 물건들의 크기와 부피를 알아내고자 애썼던 수학자였습니다. 그리고 원통과 구의 부피를 계산하는 공식을 발견해냈지요. 이 놀라운 발견

▲ 생각하는 아르키메데스 석상

을 기념하고 싶었던 그는 자신이 죽으면 묘비에 구와 원통을 그려달라고 했고 그의 묘비에는 정말 '측정의 지존'을 상징하는 그림이 새겨졌습니다.

하지만 이렇게 똑똑한 아르키메데스에게도 고민이 있었지요. 그가 70세가 되었을 무렵, 그의 고향인 시라쿠스가 로마의 공격을 받게 되었기 때문입니다. 아르키메데스는 고

향을 지키기 위해서 볼록렌즈와 '바위 던지는 기계'를 발명했고 그 덕분에 시라쿠스는 로마의 공격을 몇 번이나 막아낼 수 있었어요.

하지만 기원전 212년의 어느 날, 시라쿠스는 결국 로마의 손에 넘어가게 되었습니다. 로마 장군은 아르키메데스를 산 채로 잡아오라고 병사에게 명을 내렸어요. 그날도 평소처럼 아르키메데스는 땅바닥에 엎드려 모래 위에 원을 그려가며 기하학을 푸는 데 몰두하고 있었습니다. 로마 병사가 그의 목에 칼을 들이대며 체포하려 하자 아르키메데스는 그 병사를 쳐다보지도 않고 말했지요.

▲ 아르키메데스를 잡으러 온 병사

"햇빛 가리지 말게. 그리고 내가 그린 원 밟지 말고."

순간 무시당했다는 생각에 화가 난 병사는 장군의 명령을 잊고 아르키메데스를 죽이고 말았어요. 이렇게 그 한 마디 말이 아르키메데스의 유언이 되고 말았습니다.

아르키메데스가 없었다면 우리는 참치통조림에 참치가 얼마나 들어있는지도 몰랐겠지요? 주변의 물체를 숫자로 표현하길 좋아했던 아르키메데스는 여러 가

지 공식을 만들어냈습니다. 그리고 지금의 우리가 편의점에서 2리터짜리 생수나 300g의 과자를 살 수 있게 해주었지요. 측정을 알면 알수록 우리는 더 많은 것을 볼 수 있습니다. 조금 떨어진 횡단보도를 건너 집으로 가는 것이 빠른지, 눈앞의 육교를 건너는 것이 더 빠른지도 알 수 있지요.

이렇게 수학은 여러분 주변 곳곳에 숨어 있어요. 책 속의 숫자와 기호들이 수학의 전부는 아니랍니다. 아르키메데스처럼 눈에 보이는 것들의 무게나 부피를 계산하는 것도 수학이고, 우리가 마트에서 쌀 1kg을 사는 것도 수학이지요. 이 책 속에는 여러분과 수학여행을 떠날 개성 넘치는 친구들이 가득합니다. 이제 친구들과 함께 놀라운 측정의 세계로 여행을 떠나볼까요?

서울교육대학교 수학과 교수 신항균

이 책의 구성

1 수학적 창의력이 술술 피어나는 측정!

측정은 실생활에 적용할 수 있는 가장 실용적인 분야랍니다. 그뿐만 아니라 수학 전 분야에서 창의력을 가장 많이 길러주는 부분이기도 하지요. 이 책에는 미·적분과 같은 고차원적인 수학의 바탕이 되는 도형의 기초, 길이와 단위의 개념이 재미있고 쉽게 설명되어 있습니다.

2 여기서 잠깐

이야기 중에 생각을 멈추게 하는 어려운 개념은 '여기서 잠깐'에 맡겨주세요. '여기서 잠깐'에는 어려운 개념을 설명한 재미있는 토막글과 간단한 응용문제가 담겨 있습니다.

3 한 걸음 더

지금까지 숨겨졌던 수학의 신기한 뒷이야기들과 영재교육원에서 실제로 활용하는 문제들을 모았습니다. '한 걸음 더'로 재미있는 이야기도 만나고 알쏭달쏭한 문제들을 척척 풀어내는 대한민국의 1% 영재가 되세요!

차례
CONTENTS

임금님 발은 1피트 feet! 길이

 내 발이 더 커! 길이의 탄생

여러분은 1m가 어느 정도의 길이인지 알고 있나요? 아마 대부분의 학생들이 알고 있을 겁니다. 혹시 모른다 해도 자로 재보면 금방 알 수 있지요. 하지만 자가 없었던 옛날에는 길이를 어떻게 쟀을까요? 그리고 1m는 왜 1m라고 부를까요?

처음 길이를 측정하는 단위는 로마시대에 처음 생겼습니다. 당시 로마는 상업과 문화가 발달한 세계 최대의 국가였지요. 하지만 길이를 측정하는 단위가 없어 국민들 사이에 다툼이 많았습니다. 특히 물건을 사고파는 상인들의 불만이 많았지요. 이러한 국민들의 불만을

해결하고자 로마의 왕은 과감히 '발(feet)'을 들었습니다. 그리고 국민들에게 자기 발의 길이를 길이의 기준으로 삼으라고 선포했지요.

하지만 길이의 문제는 쉽게 해결되지 않았습니다. 길이의 단위는 변함없이 일정해야 하는데 왕들의 발 길이는 모두 달랐기 때문이지요. 이것이 오늘날 서양에서 사용하고 있는 1피트 feet(약 30.5cm)의 기원입니다. 발의 길이를 단위로 사용했기 때문에 발(foot)이라는 말의 복수형인 'feet'을 사용하는 것이지요.

사실 측정을 할 때 가장 중요한 것은 바로 길이입니다. 왜냐하면 길이를 알아야 물체의 넓이나 부피도 알 수 있기 때문이지요. 아주 먼

옛날에는 미터나 센티미터와 같이 길이를 재는 단위가 없었기 때문에 몸을 이용해서 길이를 재었습니다. 이는 자가 없을 때 우리가 손가락, 손, 뼘, 걸음 등으로 물체의 길이를 재는 것과 같지요.

이때 사용한 손가락, 손뼘 같은 것을 단위 길이라고 부릅니다. 예를 들어 단위 길이를 뼘으로 정하고 "내 책상은 열 뼘이야"처럼 사용할 수 있지요. 문명이 발달하고 사회가 좀 더 복잡해지자 이런 단위 길이의 종류도 나라마다 다양하게 만들어졌습니다. 그러면 나라마다 어떤 단위 길이를 사용했는지 한번 볼까요?

 ## 두 팔 벌려 길이를 잰 우리나라 사람들

여러분 육척 장신이라는 말을 들어 본 적이 있나요? 이 말은 키가 아주 큰 사람을 부를 때 쓰지요. 잘 살펴보면 이 말 속에 길이를 나타내는 단위가 들어 있습니다. 바로 척(尺)이지요. 우리가 흔히 듣는 속담 속에 숨어 있는 단위 길이들을 함께 찾아 봅시다.

척(尺)

척은 발바닥부터 종아리까지 길이를 기준으로 만든 단위입니다.

센티미터로는 약 30.3cm 정도 되는 길이지요. 척을 10으로 나눈 길이는 치라고 부릅니다. 따라서 한 치는 약 3.03cm 정도 됩니다.

마(嗎)·발·길

마는 팔을 옆으로 쭉 폈을 때, 코에서 가운데 손가락 끝까지의 거리를 나타내는 단위 길이로 약 90cm쯤 됩니다. 이 단위는 옷감을 잴 때 주로 쓰였어요. 발은 양팔을 옆으로 쭉 폈을 때, 양팔의 끝에서 끝까지 길이를 부르는 말이지요. 옛날에는 줄처럼 긴 물체의 길이를 말할 때 발이라는 단위를 사용했습니다.

길은 평균적인 어른의 키를 부르는 말입니다. 이것은 물의 깊이나 절벽의 높이를 부를 때 사용되었지요.

다양한 우리나라의 길이 단위들

리(里) : 400m. 10리는 4km

마장(馬丈) : 리와 같은 말. 1리부터 4리까지를 부르는 말.

　　　　1리 = 1 마장

두 발 벌려 길이를 잰 서양 사람들

큐빗 cubit · 핸드 hand

큐빗이라는 단어는 팔꿈치를 뜻하는 라틴어 큐비툼 cubitum에서 나왔습니다. 큐빗은 성경에도 나오는 가장 오래된 단위 길이지요. 1큐빗은 팔꿈치에서 손가락 끝까지의 길이를 뜻하며 약 55cm입니다. 핸드는 손의 너비를 뜻하는 단위 길이이며 약 4인치 정도의 길이를 의미하지요. 요즘도 핸드는 말의 키를 잴 때 사용합니다.

1 핸드

한 뼘은 1핸드!

1페이스의 1000배는 1마일!

1큐빗

1페이스

마일 mile

마일은 1000을 뜻하는 라틴어 밀리아 milia에서 나온 말입니다. 로마시대에 보폭(사람이 걸을 때, 왼발과 오른발 사이의 거리)을 부르는 말이었던 페이스 pace의 1000배라는 뜻에서 마일이 되었지요. 1마일은 1.6km 정도입니다.

야드 *yard*

야드는 우리나라의 마와 같은 단위예요. 팔을 옆으로 쭉 폈을 때, 코에서 가운데 손가락 끝까지의 길이를 기준으로 만든 단위이며 약 91.4cm 정도 됩니다. 1야드는 약 3피트 정도입니다. 골프장에서 공이 날아간 거리를 말할 때 주로 야드를 사용하지요.

인치 *inch*

인치는 원래 보리 3알을 붙인 길이를 의미했어요. 하지만 보리로 길이를 재는 것이 번거로워지자 1피트의 $\frac{1}{12}$을 인치라고 부르기 시작했답니다. 그래서 1피트는 12인치가 되었고, 1인치는 30.5cm를 12로 나눈 2.54cm가 되었지요.

 영원히 변하지 않는 1m

전 세계 사람들이 똑같은 길이의 단위를 사용하게 된 것은 18세기

영원히 변하지 않는 단위!

▲ 단위의 통일을 제안한 탈레랑

프랑스혁명 때의 일입니다. 귀족들에게 무분별하게 착취당하던 평민들은 혁명을 계기로 세금 징수나 상거래를 공정하게 할 수 있는 단위가 필요하다고 생각하게 되었지요. 이에 프랑스의 정치가였던 탈레랑*Talleyrand*은 '영원히 변치 않는 것'을 기준으로 단위를 만들자고 제안했습니다.

영원히 변치 않는 것이 과연 무엇이었을까요? 사랑, 다이아몬드? 그 당시 사람들은 우리가 살고 있는 지구야말로 기준으로 삼을 만한 영원히 변치 않는 것이라고 생각했습니다. 그래서 북극에서 남극을 연결한 자오선의 길이를 단위의 기준으로 삼기로 했지요. 프랑스 과학자들은 수년간의 조사와 연구를 통해 그 길이를 알아낼 수 있었습니다.

그리고 자오선의 $\frac{1}{40,000,000(4천만)}$을 1m로 정했지요. 프랑스는 후에 사람들이 헷갈릴 때 정확한 길이를 확인할 수 있도록 1m짜리 백금막대를 2개 만들어 놓았답니다. 현재 프랑스에 보관되어 있는 이 백금막대의 이름은 미터원기이지요.

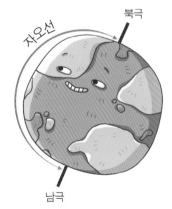

자오선 / 북극 / 남극

▲지구의 자오선

17

19세기에는 각국의 대표들이 모여 단위의 통일에 대해 회의를 했습니다. 그 결과, 프랑스의 측정 단위인 미터가 가장 훌륭하다고 평가되었지요. 그 이후 전 세계 사람들은 1m를 기준으로 하는 미터법을 사용하게 되었습니다. 하지만 이 미터법도 영원히 변치 않는 것은 아니었습니다. 20세기에 정밀한 기계를 이용해 자오선의 길이를 다시 잰 결과, 실제 길이는 프랑스 과학자들이 잰 것보다 1700m정도 더 길다는 사실이 밝혀졌지요. 그래서 1960년에는 크립톤이라는 특수한 광선의 파장으로 자오선을 측정하여 더 정확한 1m를 만들어냈습니다. 현재는 빛이 진공상태에서 $\frac{1}{299,792,458}$ 초 동안 나아간 거리를 1m로 정의하지요.

 안녕! 미터 친구들

자! 오른팔을 옆으로 쭉 뻗어 보세요. 이때, 왼쪽 어깨에서 오른손 끝까지의 길이가 약 1m입니다. 다 자란 어른의 경우에는 발끝에서 허리까지의 길이도 약 1m가 됩니다. 이제는 자가 없어도 길이를 잴 수 있겠죠? 야구선수들이 쓰는 야구 방망이가 약 1m이고, 옷장의 높이가 2미터 정도랍니다. 하지만 미터 하나만으로 각종 길이를 말하기는 어렵겠죠?

1km(킬로kilo미터) = 1000 × 1m

1hm(헥토hecto미터) = 100 × 1m

1dam(데카deka미터) = 10 × 1m

×10 (

　　　1m(미터)

×$\frac{1}{10}$ (

1dm(데시deci미터) = 1m ÷ 10

1cm(센티centi미터) = 1m ÷ 100

1mm(밀리milli미터) = 1m ÷ 1000

이렇게 다양한 단위 길이들은 우리 주변에 숨어 있어요. 한강 다리의 평균 길이가 1.3km(13000m∼15000m), 63빌딩의 높이는 약 2.5hm(249m), 비행기의 길이는 7dam(70.66m) 입니다. 어마어마하죠? 사실 hm나 dam은 흔히 쓰이지는 않아요. 그 대신 km를 더 많이 쓰지요.

한강다리
1.3km(13,000m∼15,000m)

63빌딩
2.5hm(249m)

비행기
7dam(70.66m)

▲ 한강 다리 약 1km 〉 63빌딩 2.5hm 〉 비행기 7dam

한 걸음 더!

혈액이 우리 몸을 한 바퀴 돌려면?

우리의 몸은 알면 알수록 놀라워요. 우리 몸속 혈관의 총 길이는 약 100,000km나 된다고 합니다. 이렇게 긴 혈관을 한 바퀴 다 돌려면 혈액은 몇 리나 가야 하나요? 또 그 길이는 몇 마일이나 될까요?

(정답은 144 쪽에)

CHAPTER 02

누가 누가 넓을까?

넓이

때는 바야흐로 조선 시대의 일입니다. 혁이네 5대조 할아버지와

소라네 6대조 할아버지가 밭을 사고팔기 위해 만났군요. 소라네 조상

어떤 밭으로
사시렵니까?

더 넓은 밭!

님은 혁이 조상님의 밭을 구경하다가 수학을 잘하기로 소문난 혁이네 조상님께 밭의 넓이를 물어 보고 있습니다. 이왕이면 가장 넓은 땅을 사고 싶으신가 봐요. 혁이 조상님께서 하나하나 밭을 안내하면서 말씀하시길.

"이 네모난 밭은 방전(方田)입니다. 밭의 넓이를 알려면 일단 가로와 세로를 알아야 하는데. 어디 한번 보자. 이 밭은 가로가 12보, 세로가 14보입니다. 그러니까 밭의 넓이는. 에헴!"

(가로의 길이 × 세로의 길이) = 12보 × 14보 = (   )보

(정답은 144 쪽에)

이 당시에는 지금은 사용하지 않는 보(步)라는 단위를 주로 사용했어요. 1보는 지금의 138.1cm와 같다고 합니다. 방전을 둘러본 소라네 조상님은 사다리꼴 밭으로 눈을 돌립니다.

"이 밭은 두 각이 직각인 사전(梭田)입니다. 높이가 12보, 윗변이 6보, 밑변이 20보네요. 그래서 사다리꼴 밭의 넓이는!"

$$(윗변의\ 길이 + 밑변의\ 길이) \times 높이 \times \frac{1}{2}$$

$$= (\quad + \quad) \times (\quad) = (\quad)보$$

(정답은 144 쪽에)

이렇게 넓이를 비교해 본 소라네 할아버지는 결국 좀더 넓은 (　　)
을 샀습니다. 계산을 해 본 친구들은 소라네 조상님이 어떤 밭을 사셨
는지 알 수 있겠죠?

 단위를 알아야 말을 하지!

소라네 조상님은 보(步)라는 단위로 땅의 넓이를 말씀하셨어요.
'보' 라는 단위는 특이하게 길이와 넓이 모두를 나타내는 단위였지요.
'보' 외에도 최근까지 쓰였던 우리나라 고유의 넓이 단위로 '평'이라
는 것이 있습니다. 한 변이 6척인 정사각형의 넓이를 나타내는 단위
인 '평' 은 미터로는 약 3.3m²이며 주로 땅의 넓이를 나타내는 데 사
용되었지요. 지금은 그 자리를 m²이 대신하고 있답니다.
　과거와 달리 지금은 길이와 넓이를 각각 다른 단위로 나타냅니다.
그리고 넓이를 나타낼 때는 '제곱'이라는 말을 많이 쓰지요. 땅의 넓

이를 구할 때는 '보'라는 한 가지 단위 길이로 가로·세로의 길이를 말했지요? 요즘은 '보'라는 단위 대신 1장에서 말한 미터라는 단위를 사용합니다. 그리고 넓이는 '단위 길이와 단위 길이를 곱한 것'을 단위로 씁니다. 이게 무슨 말일까요?

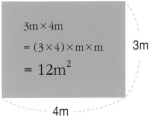

이 사각형의 넓이를 구할 때 m이 서로 곱해지는 것이 보이지요? 그래서 넓이의 단위는 m^2을 쓰는 거랍니다. m뿐만 아니라 cm, mm과 같은 단위도 넓이에 쓰일 때는 제곱을 붙여서 쓴답니다.

아주 넓은 넓이를 나타내는 단위

아르(a)

한 변이 10m인 정사각형 모양의 넓이를 나타내는 단위로 $100m^2$을 나타내요.

헥타르(ha)

아르의 백 배에 해당하는 넓이를 나타내는 단위로 $10000m^2$입니다.

점을 모아도 넓이가 나오지!

넓이나 길이를 구할 때는 그 기준이 되는 단위가 중요하다는 것. 이제는 우리 친구들 모두 알고 있겠죠? 우리가 흔히 보는 모눈종이 역시 일정한 길이마다 눈금이 표시되어 있어서 편리한 측정기구가 되지요. 이렇게 종이에 모눈종이처럼 일정한 간격의 점을 찍으면 쉽게 도형의 넓이를 구할 수 있다는 사실을 혹시 여러분은 알고 있나요?

점의 개수를 모아서 도형의 넓이를 구하는 법은 오스트리아의 수학자 픽(Georg Alexander Pick)이 만들었어요. 픽의 말에 따르면, 도형 안에 들어가 있는 점의 개수와 도형의 둘레에 있는 점의 개수로 도형의 넓이를 구할 수 있다고 합니다. 우리도 점으로 도형의 넓이를 한번 알아볼까요? 준비물은 모눈종이 한 장과 자입니다.

1. 모눈종이 1cm마다 점을 하나씩 그려주세요. 가로·세로 5개씩 점을 찍고 나머지 부분 역시 점으로 채워줍니다.
2. 가로의 점 5개와 세로의 점 5개를 연결해서 직각삼각형을 그려봅시다.

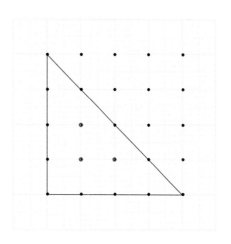

3. 이때 선으로 연결된 점의 개수를 a라고 불러볼까요?

4. 삼각형 안에 있는 점의 개수는 b라고 불러봅시다.

5. a를 반으로 나눈 후, b에서 1을 뺀 수를 더해보세요. 이렇게!

$(a \div 2) + b - 1$ 의 값을 구해봅시다.

그러면 얼마가 나오죠? (   )

이번에는 직접 삼각형의 넓이를 구해서 한번 비교해 봅시다. 가로가 4cm이고 세로가 4cm인 삼각형의 넓이는 얼마죠? (   )cm^2

(정답은 144 페이지에)

오호라! 둘이 똑같지요?

픽의 정리를 이용하면 이상하게 생긴 도형의 넓이도 쉽게 구할 수 있어요. 단, 일정한 간격의 점 위에 그려진 도형이어야겠죠? 그럼 이번에는 희한하게 생긴 도형의 넓이에 도전해 봅시다. 픽의 정리를 이용하여 다음 도형에 점을 그린 후 넓이를 구해 보세요. (정답은 144 쪽에)

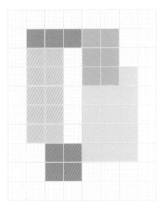

픽의 도움 없이 이 도형의 넓이를 구할 수는 있습니다. 하지만 그 과정이 매우 복잡하겠죠? 픽이 없었다면 많은 사람들이 복잡하게 생긴 도형의 넓이를 구하느라 고생할지도 몰라요.

넓이를 잡아먹는 시어핀스키의 삼각형

이상한 문제가 있습니다.

삼각형 둘레의 합은 점점 커지는데 삼각형 넓이의 합은 점점 작아지는 삼각형을 그려라!

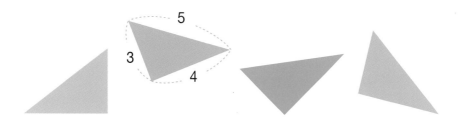

둘레의 길이 합 : 12 + 12 + 12 + 12 = 48
넓이의 합 : 6 + 6 + 6 + 6 = 24

둘레도
넓이도
커졌네!

삼각형의 개수가 늘어나면 보통 둘레와 넓이도 함께 늘어납니다. 하지만 폴란드의 수학자 시어핀스키*Sierpinsky*는 둘레가 늘어날수록 넓이는 점점 줄어드는 이상한 삼각형을 발견했어요. 우리 한번 시어핀스키의 신기한 삼각형을 그려볼까요? 준비물은 모눈종이와 자, 그리고 지우개입니다.

1. 모눈종이에 큰 정삼각형을 하나 그립니다. 그리고 예쁘게 삼각형에
   색칠을 해주세요.
2. 삼각형의 세 변을 반으로 나누고 그 점을 연결합니다.
3. 중간에 있는 삼각형을 지웁니다.
4. 이 과정을 반복합니다.

삼각형이 많아질수록, 삼각형 안에 있는 선의 개수도 많아지지요?
하지만 처음에 색칠했던 부분은 점점 줄어들고 있어요. 선의 개수가
늘어난다는 것은 삼각형의 안과 밖에 둘레가 늘어난다는 뜻이랍니다.
그리고 색칠한 부분이 점점 사라진다는 것은 한마디로 넓이가 점점
작아진다는 뜻이지요. 어때요? 작은 삼각형들이 마구 생겨나서 큰 삼
각형의 넓이를 잡아먹는 게 보이시나요?

선물 포장 속에 숨은 겉넓이의 이야기

미미와 미나가 혁이에게 생일선물로 줄 접시를 포장하고 있어요. 멋진 포장지로 선물상자를 포장하려고 하는데 어떤 상자는 포장지보다 크고 어떤 상자는 작은 게 아니겠어요?

"어? 이상하다. 크기가 다 비슷비슷해 보이는데. 왜 그럴까?"

그때 뭔가 깨달은 듯 미나와 미미가 외쳤습니다.

"상자의 겉넓이가 각각 달라서 포장지가 남기도 하고 모자라기도 하나봐. 우리 이 포장지의 넓이에 알맞은 상자를 골라서 포장하자."

"그래! 좋았어!"

미나와 미미는 겉넓이를 구하기 위해서 상자들을 우선 유심히 관찰했습니다. 삼각상자는 윗면과 밑면이 똑같이 생겼고 옆면은 세 개중 두 개만 똑같았지요. 반면, 사각상자는 마주보는 면끼리 똑같이 생긴 게 아니겠어요? 미미와 미나가 겉넓이를 구할 삼각상자는 양 변이 5cm, 밑변이 6cm, 높이는 3cm입니다. 반면 사각 상자는 가로 3cm, 세로 5cm, 높이가 4cm입니다. 포장지의 크기가 80cm²이라면 이 두 상자 중 어떤 상자를 포장할 수 있을까요?

(정답은 144 쪽에)

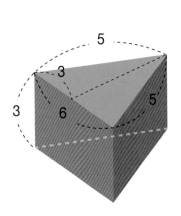

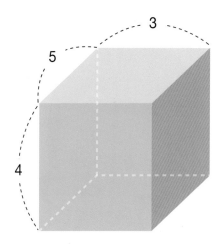

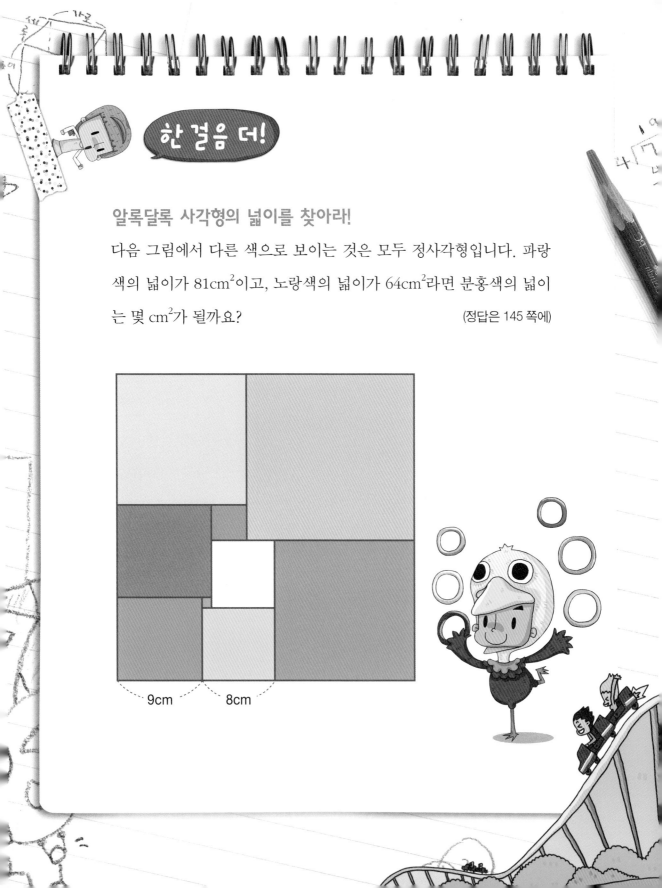

한걸음 더!

알록달록 사각형의 넓이를 찾아라!

다음 그림에서 다른 색으로 보이는 것은 모두 정사각형입니다. 파랑색의 넓이가 81cm²이고, 노랑색의 넓이가 64cm²라면 분홍색의 넓이는 몇 cm²가 될까요?

(정답은 145 쪽에)

9cm   8cm

먹으면 안 돼요!
파이(π)

3월 14일 1시 59분이었어요. "꺄! 드디어 1시 59분이야!" 길을 가던 소라와 미나는 사람들이 외치는 소리에 깜짝 놀랐어요. 1시 59분이 되자마자 사람들은 모두 빵집에 모여서 파이를 먹기 시작했습니다. 미나가 눈이 휘둥그레져서 물었어요. "오늘 빵집 시식회라도 하나요?" 그러자 한 사람이 대답했어요. "시식회를 하는 날이 아니라 파이를 기념하는 파이 데이랍니다." 그리고 보니 사람들이 먹는 파이에는 희한한 그림이 그려져 있는 게 아니겠어요?

"3.14159265358979323846264338837…인 파이를 기념해서 3월 14일 1시 59분을 파이 데이로 정했지요." 그 숫자랑 먹는 파이가 대체 무슨 관계인지 미나는 알 수가 없었어요. "먹는 파이가 아니라 파이 π

라는 이름의 그리스 알파벳이야." 소라가 말했습니다.

$$\text{파이}(\pi) = \frac{\text{원의 둘레}}{\text{원의 지름}} = \text{원주율}$$

"π는 원의 넓이를 구할 때 쓰는 기호지. 각이 없는 원은 지름에 대한 둘레의 비, 즉 원주율을 알아야만 넓이를 구할 수 있거든. 그 원주율의 또 다른 이름이 바로 π야." 미나가 눈을 반짝이며 물었습니다. "그럼 이 동그란 파이의 넓이도 원주율로 구할 수 있어?"

"당연하지! 먼저 사각형의 넓이를 구할 때를 떠올려봐. 사각형의 넓이는 가로와 세로의 길이를 곱하면 나오지? 그럼 원을 사각형처럼 만들면 넓이를 구하기 쉽겠지? 나처럼 이렇게 파이를 잘라서 붙여봐."

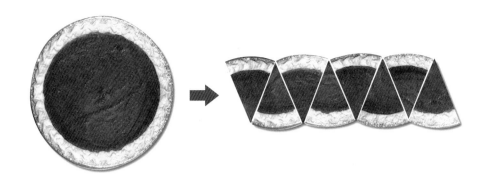

"어라? 평행사변형과 비슷한데!" 미나는 신기한지 파이를 요리조리 살펴보며 말했습니다. "그래. 그럼 이 파이들이 평행사변형이라고 생각하면서 넓이를 구해보자. 그럼 밑변 × 높이를 해야겠지? 여기서 밑변과 높이는 원의 어느 부분일까?"

"아! 그럼 $\frac{원의\ 둘레}{2} \times 높이$ 가 되는구나! 그래서 둘레를 알아야 원의 넓이를 구할 수 있는 거군!"

어때요? 소라와 미나 참 똑똑하죠? 여기서 우리가 알 수 있는 것은 원의 둘레를 알아야 원의 넓이를 구할 수 있다는 사실입니다. 그러면 이제는 원의 둘레와 파이의 관계를 알아볼까요? π를 과학적으로 계산한 최초의 사람은 아르키메데스라고 알려져 있습니다. 이제부터는 아르키메데스가 어떻게 π의 값을 찾아냈는지 알아봅시다.

아르키메데스의 π

　여러분은 혹시 원과 가장 비슷한 도형을 그려본 적이 있나요? 아래의 그림을 보면 각의 개수가 많아질수록 도형의 모양이 원과 비슷해진다는 사실을 알 수 있을 겁니다. 고대 그리스에는 원에 가장 가까운 모양의 도형을 그려서 π의 값을 구하려던 사람이 있었습니다. 그가 바로 아르키메데스이지요.

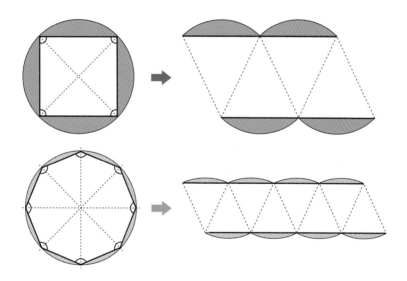

　각의 개수가 늘어날수록 원과 도형 사이에 남는 공간이 줄어들지요? 넓이뿐만 아니라 도형의 둘레도 원의 둘레에 점점 가까워진답니다. 원과 최대한 비슷한 도형으로 π의 값을 구하고자 했던 아르키메데스는 정96각형을 그렸어요. 그리고 이를 바탕으로 원의 둘레와 지름의 비, 즉 π의 값을 구했답니다. 우리는 정육각형을 이용해서 아르키메데스가 π의 값을 구한 원리를 알아볼까요?

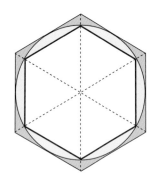

위의 그림을 보면 원의 둘레는 원 안의 정육각형 둘레보다 큽니다. 하지만 원 밖 정육각형의 둘레보다는 원의 둘레가 작죠? 이렇게 도형의 안에 붙어있는 것을 '내접', 도형의 밖에 붙어 있는 것을 '외접' 이라고 부릅니다. 아르키메데스는 원에 내접하는 정96각형과 원에 외접하는 정96각형의 둘레를 계산하였습니다. 그리고 원의 둘레가 외접하는 정육각형의 둘레보다 작고, 내접하는 정육각형의 둘레보다 크다는 것을 아래와 같이 표시했지요.

$$\frac{\text{원의 둘레}}{\text{지름}} = \pi$$

원의 둘레 $= \pi \times$ 지름 $= \pi \times 2r = 2\pi r$

내접하는 정육각형 둘레 $< 2\pi r <$ 외접하는 정육각형의 둘레

그래서 아르키메데스는 파이가 $\frac{223}{71}$ 과 $\frac{22}{7}$ 사이에 있다는 사실을 알아내었지요. 이를 소수로 나타내면 다음과 같습니다.

$$3.140845\ldots < \pi < 3.142857\ldots$$

정확한 계산공식들이 많지 않았던 그리스 시대에도 아르키메데스가 거의 정확한 π의 값을 구했다는 사실. 놀랍지 않나요? 아르키메데스가 π의 값을 발견한 후에도 많은 이들이 더 정확한 π의 값을 알아내기 위해서 노력했답니다. 지동설로 유명한 프톨레마이오스가 150년경 발견한 π의 값은 $3\frac{1}{9}$ 이며, 인도의 전설적인 수학자 바스카라가 1150년에 발견한 π의 값은 $\frac{3927}{1250}$ 이랍니다.

여러분도 눈앞의 문제를 다른 시각으로 보는 자세를 가지면 아르키메데스처럼 흥미로운 사실들을 발견할 수 있어요.

여기서 잠깐!

π라는 기호를 처음 사용한 것은 영국의 존스랍니다. 그러나 영국의 다른 수학자인 오트레드, 배로 등은 π를 원주율이 아닌 원의 둘레를 나타내는 기호로 쓰기도 했어요. 그러다가 1737년에 오일러가 기호로 채택한 때부터 π는 원주율을 뜻하는 기호가 되었답니다.

파이로 구하는 원의 넓이

이제 파이의 정체를 알았으니 원의 넓이를 한번 구해 볼까요? 원의 넓이를 구하는 법을 알면 네모난 것과 동그란 것의 크기도 비교할 수 있습니다. 앞에서 원을 조각내서 평행사변형처럼 만든 것이 기억날 겁니다. 그래서 원의 넓이는 원 둘레의 절반에 높이를 곱한 것이지요. 이를 식으로 한번 표현해 보겠습니다.

$$원의 \ 둘레 = \pi \times 지름 = 2\pi r$$
$$원의 \ 넓이 = (\frac{원 \ 둘레}{2}) \times r$$
$$= \pi r \times r = \pi r^2$$

이제 간단해졌죠? 그럼 철이와 혁이의 이야기를 통해서 원의 넓이를 구해 봅시다. 철이와 혁이는 아프리카로 출장가신 김 박사님께 편지를 쓰려고 합니다. 친구들은 집에서 편지지 세 장을 가지고 왔군요. 박사님이 없는 동안 궁금한 것이 많이 쌓인 철이와 혁이는 더 넓은 편지지 한 장을 골라 편지를 쓰기로 했어요. 하지만 눈으로는 편지지의 넓이를 비교하기가 쉽지 않았답니다. 우리가 넓이를 구하는 공식을 이용해서 박사님께 쓸 가장 넓은 편지지를 골라줄까요?

동그란 편지지 : 반지름 10cm

도넛 모양 편지지 : 작은 원 반지름 3cm, 전체 반지름 12cm

네모난 편지지 : 가로 8cm, 세로 8cm

먼저 네모난 편지지의 넓이를 스스로 구해보세요. 가로와 세로가 8cm입니다. 네모난 편지지의 넓이는 64cm^{2}이지요? 자 그럼 이제는 동그란 편지지 넓이를 함께 구해봅시다. 원의 넓이 구하는 공식은 πr^2입니다. 이 편지지의 반지름은 10cm입니다. 따라서 다음과 같지요.

$$\pi \times 10^2$$
$$= 3.14 \times 100 = 314\text{cm}^2$$

동그란 편지지의 넓이는 314cm^2 입니다. 그러면 이번에는 도넛 모양 편지지의 넓이를 구해 볼까요? 도넛 모양은 큰 원의 넓이에서 작은 원의 넓이를 빼야겠죠? 작은 원의 반지름이 3cm, 큰 원의 반지름이 12cm입니다. 따라서 다음과 같습니다.

(큰 원의 넓이) − (작은 원의 넓이)

$= \pi \times ($ $)^2 - \pi \times 3^2 = ($ $)\pi - ($ $)\pi$

$= 3.14 \times ($ $)$

$= ($ $)\text{cm}^2$ (정답은 145 쪽에)

과연 혁이와 철이에게 어떤 편지지를 골라줘야 할까요? 계산이 끝난 친구들은 자신 있게 편지지를 골라줄 수 있을 겁니다. π를 이용해서 원의 넓이를 구하니까 생각보다 어렵지 않죠? 이렇게 π가 포함된 식을 계산할 때는 미리 3.14를 곱하지 마세요. π앞에 붙어있는 수를 먼저 계산하고 π를 마지막에 곱하는 것이 훨씬 편하답니다.

3.14159의 π가 만들어지기까지

π의 정확한 값을 구하는 데 도전했던 사람들은 한둘이 아니었어요. 기원전 약 2000년부터 인류는 정확한 π의 값을 구하기 위해 수차례 도전을 했답니다. 소수점 아래의 5자리까지 정확한 3.14159라는 π는 264년에 중국의 유휘가 처음으로 발견했지요.

3.14159265358979323846264338327950288419716939937510582097494459230781640628620899862 8…로 시작하는 515억 숫자로 이뤄진 π

1997년. 슈퍼컴퓨터로 계산한 일본의 가나타와 타카하시

　　　⋮

3.141592	중국 남북조 시대 조충지(429~500)와 그 아들의 기록
3.14159	264년. 중국 유휘의 기록
	(3072각형을 그려서 찾아낸 파이)
3.16	130년. 중국 후한서의 기록
3.16045(=$\frac{256}{81}$)	기원전 약 2000년. 이집트인의 기록
3.125(=$3\frac{1}{8}$)	기원전 약 2000년. 바빌로니아인의 기록
3	기원전 약 1000년 성경 구약 열왕기상 7장 23절
3	기원전 약 12세기 중국인이 사용

세상에! 515억 자리의 숫자라니 상상이 되나요? 이렇게 끝이 없는 숫자이다보니 π는 신비한 수로 여겨졌습니다. 그러다보니 π를 좋아하는 사람들이 모여서 클럽까지 만들었답니다. 요즘도 3월 14일이 되면 각 대학의 π클럽에 가입한 사람들은 파이도 나눠먹고 π의 소수점 이하 숫자 외우기 대회도 한다고 하네요. π클럽에 들어가려면 적어도 소수점 이하 100자리는 외워야 한다니 클럽에 들어가는 것도 시험을 보는 것만큼 준비를 많이 해야겠죠?

 ## 예비 π클럽 회원을 위한 π권법

100자리의 숫자를 외운다는 것은 그리 만만한 일이 아니랍니다. 예비 π클럽 회원들을 위해서 좀더 쉽게 파이를 외우는 법을 공개할게요. 사실 파이의 숫자들을 기억하기 위해 만들어진 기억술은 여러 종류가 있습니다. 여기서는 오어 Orr라는 사람이 만든 가장 쉬운 방법을 배워 봅시다. 다음 문장의 각 단어에 사용된 글자수는 π의 소수 30째 자리까지의 숫자와 같답니다.

Now I, even I, would celebrate / In rhymes unapt, the great

  3 1 4 1   5   9   / 2 6   5   3   5

Immortal Syracusan, rivaled nevermore

    8   9   7   9

Who in his wondrous lore,

  3 2 3   8   4

Passed on before, / Left men his guidance

  6   2   6   / 4 3 3   8

How to circles mensurate.

  3 2 7   9

영어라서 외우기가 어렵죠? 한글로도 π를 외우는 방법이 있으니 걱정하지 마세요. 아래 시의 글자수를 세어 봅시다. π를 나타내는 각 자리의 숫자와 글자의 수가 같답니다.

바닷가 옆 초가집에 한 할아버지가

  3   1   4   1   5

초롱초롱빛나리라는 딸과 살았었습니다.

       9   2   6

수평선에서 태양이 솟아오르면

   5   3   5

허물어질까말까한 초가집살이일지라도 할아버지께서는
　　　　8　　　　　　　9　　　　　　　　　7

초롱초롱빛나리에게 신나는 얘기
　　　　9　　　　3　　2

그리고 무시무시하면서도 재미있는 이야기들만을 골라
　3 .　　8　　　4　　　　6　　　2

이야기하면서 매일매일 즐겁게 살았고
　　6　　　4　　3　　3

초롱초롱빛나리는 그렇게 매일 성장하였습니다.
　　　8　　　　3　2　　7

신기하죠? 글자 수만 잘 맞추면 여러분도 나만의 파이권법을 완성할 수 있어요. 지금 연필을 쥐고 나만의 파이권법을 연습장에 써 내려가 봅시다.

여기서 잠깐!

위에 나온 시들은 모두 소수점 아래 30번째 자리까지만 만들어져 있지요. 왜 소수점 아래 30번째 자리까지만 만들어졌는지 그 이유를 한번 맞혀보세요!　　　　　　　　　　(정답은 145 쪽에)

허리띠를 맨 지구

지구의 허리에 얇은 허리띠를 두르려고 합니다. 허리띠의 길이는 얼마일까요? 지구의 지름은 약 12,800km입니다. 우리는 π를 이용하면 허리띠의 길이를 간단히 알아낼 수 있어요.

1. 먼저 띠로 적도를 두른다고 상상해 보세요. 띠의 길이는 얼마가 되어야 할까요?

2. 이번에는 그 띠를 1km 높이로 띄워 두른다고 가정해 봅시다. 원래의 띠보다 얼마나 더 길어야 할까요?

(정답은 145 쪽에)

내가 쏟은 주스는 얼마일까? 부피

아프리카에서 돌아온 김 박사님을 보러 혁이와 미미가 연구실을 찾아왔어요. 반가운 마음에 김 박사님은 친구들에게 똑같의 양의 주스를 비커에 따라서 대접했습니다.

"박사님! 무사히 돌아와서 기뻐요!" 혁이와 미미는 주스를 앞에 두고 흥미진진한 박사님의 여행기를 듣고 있었습니다. 그때! 혁이가 한 모금도 마시지 않은 주스를 쏟고 말았습니다.

"얼마나 쏟았는지 맞히면 내가 주스를 더 주마." 목이 마른 혁이는 퀴즈를 좋아하는 박사님 덕분에 계산을 하게 생겼군요. "비커에 들어 있는 주스는 넓이도 아니고 무게도 아니고. 무슨 단위로 불러야 하지?"

어려워하는 혁이를 위해 미미가 힌트를 주는군요. "공간을 차지하고 있는 양을 우리는 부피라고 불러. 비커를 차지하고 있는 주스의 양도 부피로 계산을 해야 해. 비커 옆에 그려진 밀리리터㎖가 보이지? 그게 바로 부피의 단위야." 과연 혁이는 부피를 어떻게 계산할 수 있을까요?

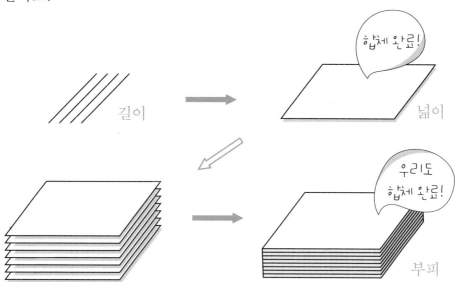

여러분 혹시 선, 면, 입체라는 말을 들어본 적 있나요? 선이 1차원, 면이 2차원, 입체가 바로 3차원이라고 불립니다. (   )쪽의 그림에서는 종이가 쌓인 것이 바로 입체, 즉 3차원이 되지요. 우리가 면의 넓이를 구할 때는 선의 길이를 곱했죠? 그래서 단위가 cm^{2}이 면의 넓이가 되었습니다. 그럼 종이처럼 얇은 면이 수없이 많이 모여서 만들어진 입체의 크기를 알아내려면 면의 넓이에 쌓인 만큼의 높이, 즉 선의 길이를 곱해야겠죠?

면의 넓이 × 쌓인 높이 = 부피

그래서 부피의 단위는 cm^{2}에 cm를 한 번 더 곱한 cm^{3}이 된답니다. 이렇게 부피를 구하는 법을 알았으니 이제 혁이가 주스를 얼마나 쏟았는지 알아봅시다. 순서는 이렇습니다. 1) 비커에 남아 있는 주스의 부피를 구해야 합니다. 2) 처음 있었던 주스의 부피를 구해야 하지요. 3) 처음 있었던 주스의 부피에서 남아 있는 부피를 빼면 혁이가 엎지른 주스의 양을 알 수 있습니다. 혁이 비커는 바닥의 반지름이 4cm, 주스의 높이가 4cm군요. 그렇다면 남은 주스의 부피는

$2\pi r^2 \times 4 = (3.14 \times 4^2) \times 4 = 3.14 \times 16 \times 4$
$= 200.96 cm^3$

의외로 간단하죠? 그럼 이번에는 주스를 쏟기 전에 비커에 있던 주스의 부피를 알아 봅시다. 아직 한 모금도 마시지 않은 소라의 비커를 살펴볼까요?

혁이의 비커   소라의 비커

소라 비커 속의 주스는 부피가 얼마나 되나요? 계산은 혁이의 주스 부피를 계산한 것과 같이 $\pi r^2 \times$ 높이를 하면 되지요. 이렇게 계산을 하면 원래 주스의 부피는 (　　)cm³이 됩니다. 그럼 혁이는 주스를 얼마나 쏟았다고 말해야 할까요?

(정답은 146 쪽에)

박사님!
제가 쏟은 주스의 부피는 바로
(　　　　　)cm³!
빨리 주스 더 주세요!

이제 우리는 수학으로 3차원의 세계까지 말할 수 있게 되었어요. 1차원은 cm, 2차원은 cm^2, 그리고 3차원은 cm^3. 이렇게 정리하고 보니 끼리끼리 비슷하게 생겼죠?

수학책에 숨은 알파벳!

r : 반지름이라는 뜻의 단어 "Radius"에서 왔어요.

h : 높이를 뜻하는 영어 단어 "Height"에서 왔지요.

v : 부피를 의미하는 단어 "Volume"에서 왔답니다!

 쌀로 구하는 원뿔의 부피

고깔모양의 원뿔을 펼치면 밑바닥은 원, 그리고 옆면은 부채모양이 됩니다. 이런 원뿔의 부피를 구하기 위한 간단한 실험을 해 보겠습니다. 1) 원기둥 모양의 빈 깡통 2) 종이 3) 가위 4) 테이프 5) 쌀을 준비하고 함께 따라해 보세요.

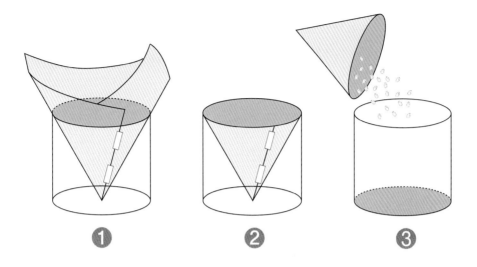

① ② ③

1. 종이로 빈 깡통의 안에 꽉 차는 원뿔을 만듭니다. 깡통에 꽉 차는 원뿔은 밑면의 넓이가 같습니다.

2. 종이로 만든 원뿔에 쌀을 채우고 이것을 깡통에 담습니다. 몇 번 담으면 깡통이 다 채워지나요?

실험을 해 본 친구들은 원뿔에 쌀을 담아 3번 깡통에 부으면 깡통이 가득 찬다는 사실을 발견했을 겁니다. 그렇다면 원뿔에 들어가는 쌀의 양은 깡통에 들어가는 양의 $\frac{1}{3}$인 셈이지요? 따라서 원뿔의 부피는 원기둥 부피의 $\frac{1}{3}$이 됩니다. 이를 식으로 나타내보면 아래와 같습니다.

$$\text{원뿔의 부피} = \pi r^2 \times \text{높이} \times \frac{1}{3}$$

쌀과 간단한 도구만 있어도 이렇게 새로운 사실을 발견할 수 있습니다. 이렇게 수학의 원리는 생활 속 곳곳에 숨어 있답니다. 그렇다면 예비 수학자 여러분! 다음 퀴즈에 한번 도전해 보세요!

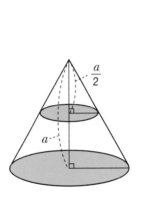

왼쪽 원뿔은 오른쪽 원기둥과 밑면과 높이가 같아요. 이 원뿔에 물을 가득 채워 오른쪽 원기둥 모양의 그릇에 붓는다면 3번을 부어야 가득 차게 되지요. 그러면 이 원뿔 높이의 절반이 되는 부분을 잘랐을 때 생기는 작은 원뿔로 원기둥 모양의 그릇에 물을 가득 채우려면 몇 번을 부어야 할까요?

(정답은 146 쪽에)

원기둥을 묘비에 새긴 아르키메데스

뉴턴, 가우스와 함께 3대 수학자로 불리는 아르키메데스는 구의 겉넓이와 부피를 계산하는 공식을 만들었습니다. 구의 부피를 구하기 위해서 아르키메데스가 쓴 방법은 바로 아래의 지렛대 실험입니다. 그림과 같이 팔의 길이가 2 : 1인 지점에 지렛대를 놓고 같은 반지름의 원뿔과 구를 왼쪽에, 원기둥을 오른쪽에 올려놓았더니 이 지렛대는 균형을 이루었습니다. 따라서 원뿔과 구의 부피를 합한 것은 원기둥 부피의 $\frac{1}{2}$이 되지요. 그리고 앞서 실험한 바와 같이 원뿔의 부피는 원기둥의 부피의 $\frac{1}{3}$입니다. 이를 바탕으로 유추해보면 구의 부피는 원기둥 부피의 $\frac{1}{6}$이 됩니다.

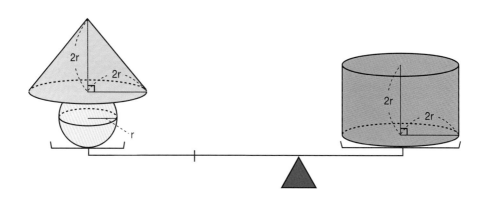

$$\frac{\text{원기둥 부피}}{6} = \frac{1}{6}(8\pi r^3) = \frac{3}{4}\pi r^3$$

아르키메데스가 찾아낸 구의 부피 공식은 비례식으로도 확인할 수 있어요. 그가 정리한 구와 원뿔, 원기둥의 관계는 옆의 그림으로 정리할 수 있습니다. 그리고 이 그림은 딱 두 문장으로 설명이 되지요. 1) 원기둥의 부피는 구 부피의 1.5배 2) 원기둥의 부피: 구의 부피 : 원뿔

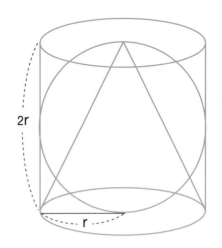

의 부피 = 3 : 2 : 1. 1번만 알면 2번은 자연스럽게 이해를 할 수 있다는 데 여러분은 어떤가요? 앞에서 우리가 원기둥의 부피와 원뿔의 부피가 3 : 1임을 밝혀냈던 것을 떠올린다면 생각보다 쉽게 증명할 수 있는 문제랍니다. 어디 한번 살펴볼까요?

1) 먼저 원기둥과 원뿔의 부피 비 양쪽에 3을 곱해서 분수를 자연수로!

$= 1 : \dfrac{1}{3} = 3 : 1$

2) 원기둥의 부피 : 구의 부피 양쪽에 10을 곱해서 분수를 자연수로!

$= 1.5 : 1 = \dfrac{5}{10} : 1 = 15 : 10 = 3 : 2$

3) 원기둥 : 구 : 원뿔의 부피

$= 3 : 2 : 1$

이렇게 원기둥과 구, 원뿔의 부피비는 3 : 2 : 1이 된답니다. 이를 이용하면 구의 부피도 구할 수 있습니다. 구의 부피 : 원뿔의 부피 = 2 : 1 이니까 원뿔의 부피에 2를 곱하면 구의 부피가 됩니다. 그러면 구의 부피를 구하는 공식을 이용해서 반지름이 3cm인 구의 부피를 한번 계산해 볼까요?

원뿔의 부피 × 2

$= \pi r^2 \times$ 높이 $\times \dfrac{2}{3}$ 높이는 2r이지?

$= \pi r^2 \times 2r \times \dfrac{2}{3}$ 제곱에 하나 더 곱하면 세제곱!

$= \dfrac{4}{3} \pi r^3$

r = 3cm이면 $\dfrac{4}{3} \pi \times 3^3 = \dfrac{4}{3} \pi \times 27$

$= 9 \times 4\pi = 36\pi \mathrm{cm}^3$

이렇게 구의 부피 $= \dfrac{4}{3} \pi r^3$ 가 됩니다. 언뜻 보기에는 평범한 원기둥 그림이 알고 보면 아르키메데스 생애 최고의 걸작을 모아놓은 그림인 셈이지요. 문제를 푸는 데 몰두하다가 로마 병사에게 죽임을 당한 아르키메데스의 묘비에도 구가 들어간 원기둥이 그려져 있다고 합니다. 로마의 병사의 손에 허무하게 죽을 줄은 몰랐을 아르키메데스는 생전에 늘 자신의 묘비에 이 그림을 새겨달라고 했어요. 아르키메데스를 생포하라고 명령했던 로마의 사령관 말케르스는 자신의 병사가 아르키메데스를 죽였다는 사실을 뒤늦게 알고 매우 슬퍼했답니다. 그리고 아르키메데스를 애도하는 의미에서 그가 생전에 원했던 대로 원기둥 속에 구가 들어간 그림이 그려진 묘비를 세워줄 것을 명했답니다. 죽음조차 아르키메데스와 수학을 갈라놓지 못했어요.

한 걸음 더!

부피의 친구 '들이'

우리가 사용하는 부피와 들이의 단위는 같습니다. 그래서 들이와 부피가 같다고 생각하기 쉽지요. 그렇지만 들이는 통 안에 들어가는 양이고 부피는 통 자체의 크기랍니다. 서양에서는 통 안에 들어가는 것이 고체인가 액체인가를 구분해서 들이 단위를 따로 사용하기도 합니다. 들이의 단위에는 여러 가지가 있어요. 한번 살펴볼까요?

홉 $\overset{\times 10}{<}$ 되 $\overset{\times 10}{<}$ 말

우리나라 고유의 단위인 되는 사각형 그릇으로 약 1.8ℓ쯤 되는 곡식이나 술의 들이를 나타내는 단위랍니다. 홉의 열 배가 되, 되의 열 배가 말입니다.

(홉 = 0.18ℓ, 말 = 18ℓ)

플루이드 온스 $\overset{\times 128}{<}$ 파인트 $\overset{\times 2}{<}$ 쿼트 $\overset{\times 4}{<}$ 갤런 $\overset{\times 42}{<}$ 배럴

갤런gallon은 미국에서 주로 쓰는 들이의 기준 단위이지요. 1갤런이 약 3.78ℓ쯤 됩니다. 기호로는 gal로 쓰며 이것을 나누어 쿼트quart, 파인트pint, 플루이드 온스fluid ounce 등의 단위가 만들어졌습니다. 1배럴은 42갤런, 1갤런은 1쿼트의 4배(1쿼트는 1파인트의 2배)이며 1플루이드 온스의 128배입니다.

리터 (ℓ)

1ℓ = 1dℓ^3, 즉 1000dm^{3}와 같습니다. 길이의 단위인 미터에 접두어를 붙여서 단위를 만들듯이, 들이 역시 리터에 접두어를 붙여서 단위를 만들지요. 그럼 리터의 친구들을 한번 만나볼까요?

킬로리터 : kℓ = 1000 ℓ

리터 : ℓ = 1ℓ

데시리터 : dℓ = 0.1ℓ

센티리터 : cℓ = 0.01ℓ

밀리리터 : mℓ = 0.001ℓ

들이 단위는 우리 주변에서 흔히 볼 수 있습니다. 티스푼에 가득 찬 물의 들이는 5ml라고 합니다. 다음 그림의 들이를 한번 알아맞춰 보세요.

(정답은 146 쪽에)

치약튜브

2mℓ, 20mℓ, 200mℓ

농구공

8ℓ, 80ℓ, 8kℓ

캔음료

25mℓ, 250mℓ, 1ℓ

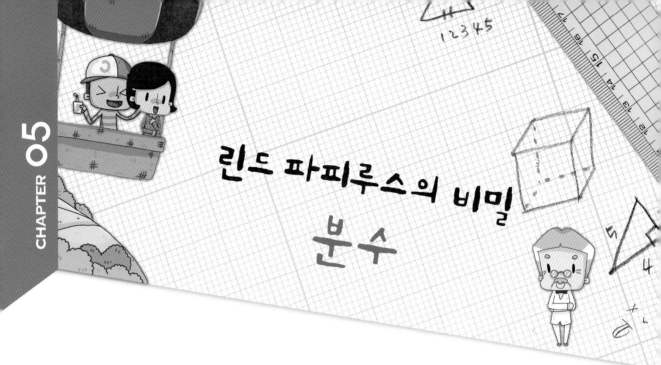

린드 파피루스의 비밀
분수

파피루스라는 말을 들어본 적이 있나요? 파피루스는 고대 이집트 사람들이 사용했던 종이랍니다. 린드 파피루스는 1858년 린드*Rhind* 경이 이집트의 룩소르에서 발견한 책이고, 현재는 런던의 대영박물관에 보관되어 있지요. 린드라는 이름은 책을 처음 발견한 사람인 린드 경의 이름을 따서 지었답니다. 그리고 기원전 1650년경 아메스*Ahmes* 라는 사람이 책을 썼다고 해서 아메스 파피루스라고도 불리지요. 이 책에는 한눈에 풀리지 않는 다음과 같은 문제와 퍼즐이 실려 있어요.

어떤 수와 그 수의 $\frac{1}{4}$을 합하면 15가 됩니다. 그 수는 얼마일까요?

아메스의 수학책에는 $\frac{2}{3}$ 를 제외한 나머지 분수의 분자가 모두 1로 표시되어 있었대요. 그리고 분자가 1인 각각의 분수를 표시하는 특이한 그림문자도 있었답니다. 다음의 그림들이 분수를 의미했다고 하네요.

$\frac{3}{5}$ 같은 분수 역시 $\frac{1}{3} + \frac{1}{5} + \frac{1}{15}$ 처럼 분자가 1인 수로 바꾸어 나타냈습니다. $\frac{3}{5}$ 라는 분수가 더 익숙한 우리에게 아메스가 써놓은 긴 답은 조금 생소해 보이지요? 이렇게 분자가 1인 분수를 우리는 단위 분수라고 부릅니다. 아메스는 $\frac{2}{3}$ 을 제외한 나머지 분수를 모두 단위 분수의 합으로 나타냈답니다. 정말 대단하죠?

이렇게 오래 전부터 1보다 작은 수인 분수는 우리 곁에 있었습니다. 측정을 하다보면 1보다 작은 양을 수로 나타내야 할 때가 많습니다. 이렇게 1보다 작은 양을 나타내는 수가 바로 분수와 소수이지요. 분수와 소수에 대하여 한번 알아볼까요?

 수를 쪼개면 분수라지요

분수를 뜻하는 영어 단어 fraction은 쪼갠다는 뜻의 라틴어 frangere 에서 유래한 것입니다. 즉 분수는 '쪼개어진 수', 바꾸어 말하면 1보다 작은 양을 나타내기 위하여 만들어진 수이지요. 분수 표기법을 처음으로 만든 것은 인도 사람들이라고 알려져 있습니다. 인도 사람들은 우리가 지금 사용하는 분수표기에서 가운데 막대기를 빼고 분수를 나타냈지요. 인도의 유명한 수학자 브라마굽타가 628년에 쓴 책과 바스카라가 1150년에 쓴 책을 보면 $\frac{2}{3}$ 를 $\frac{2}{3}$ 로 나타내고, $4\frac{2}{3}$ 을 $\frac{4}{2}{3}$ 로 나타낸 것을 볼 수 있습니다. 지금처럼 분수를 표시할 때 가운데 막대기를 긋기 시작한 이들은 바로 아랍인입니다. 하지만 이 표기법은 사람들이 번거로워서 처음에는 잘 쓰이지 않았다고 해요.

다른 모습의 같은 분수

다음 그림을 보면 $\frac{3}{4}$ 과 $\frac{9}{12}$ 가 서로 같음을 알 수 있지요? 이렇게 분수는 같은 양이라도 여러 가지 방법으로 나타낼 수가 있답니다. 위의 그림을 잘 살펴보면 분모인 4나 12는 전체를 몇 등분했는지, 분자인 3이나 9는 나눈 조각 중 몇 개인지 나타냄을 알 수 있지요. 나타내고자 하는 양이 일정하다면 나누는 수를 늘리는 만큼 나뉜 조각의 수도 늘어나는 것이지요. 이것을 식으로 써 보면 다음과 같습니다.

$$\frac{a}{b} = \frac{a \times k}{b \times k}$$

기약분수

앞에서 살펴본 것처럼 같은 분수라도 분모를 여러 가지로 달리하여 나타낼 수가 있습니다. 그 중에서 분모를 가장 작은 수로 나타낸 분수를 우리는 기약분수라고 하지요. 예를 들어 $\frac{3}{5}$ 를 분모가 20인 분수로 나타내면 $\frac{12}{20}$ 이 되고, $\frac{12}{18}$ 을 분모가 3인 분수로 나타내면 $\frac{2}{3}$ 이 됩니다.

$$\frac{3}{5} = \frac{3 \times 4}{5 \times 4} = \frac{12}{20}$$

$$\frac{12}{18} = \frac{2 \times 6}{3 \times 6} = \frac{2}{3}$$

여기서 $\frac{3}{5}$ 와 $\frac{2}{3}$ 이 바로 기약분수입니다. 그래서 $\frac{12}{20}$, $\frac{12}{18}$ 을 기약분수로 표시하면 $\frac{3}{5}$, $\frac{2}{3}$ 가 되지요.

분수를 더하고 빼기

두 분수를 더하거나 뺄 때는 분모, 즉 나누는 수가 같아야 합니다.

$$\frac{a}{d} + \frac{b}{d} = \frac{a+b}{d}$$

$$\frac{a}{d} - \frac{b}{d} = \frac{a-b}{d}$$

앞에서와 같이 분모가 같은 분수끼리 더하고 뺄 때는 큰 문제가 없지요. 분모가 다르다면 분모를 똑같이 만들어주어야 분수끼리 더하거나 뺄 수 있습니다. 이를 분모의 통일이라고 부르지요. 분모를 통일할 때는 식에 등장하는 분수의 분모들을 최소공배수로 만들면 됩니다. 이때 분모에 곱하는 수만큼 분자에도 똑같이 곱해주면 드디어 더하고 뺄 준비가 끝나는 것이지요.

그럼 $\frac{1}{3} + \frac{1}{2}$ 을 예로 들어서 살펴볼까요? 먼저 분모를 3과 2의 최소공배수로 만들어줍니다. 바로 6이지요.

$$\frac{1}{3} + \frac{1}{2} = \frac{2}{6} + \frac{3}{6} = \frac{2+3}{6} = \frac{5}{6}$$

그러면 $\frac{7}{10} - \frac{1}{4}$ 은 어떻게 계산해야 할까요? 우선 분모를 10과 4의 최소공배수인 20으로 통일하고 분자를 분모에 맞춰 바꾼 후 뺄셈을 해야겠지요?

$$\frac{7}{10} - \frac{1}{4} = \frac{14}{20} - \frac{5}{20} = \frac{14-5}{20} = \frac{9}{20}$$

분수의 곱하기

'무엇의 몇 배'를 뜻하는 곱하기의 의미를 생각하면 분수의 곱하기도 쉽게 이해할 수 있습니다. 가령 '$\frac{1}{2}$의 $\frac{1}{3}$' 이라고 하면 이는 $\frac{1}{2}$의 $\frac{1}{3}$배를 뜻하는 것이지요. 여기서 $\frac{1}{3}$배를 한다는 것은 곧 2등분한 조각을 모두 3등분 한다는 뜻이 됩니다. 즉 $\frac{1}{2} \times \frac{1}{3} = \frac{1}{6}$이 되지요.

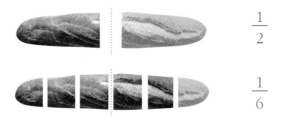

$$\frac{1}{2}$$

$$\frac{1}{6}$$

그러므로 분수를 곱할 때는 분자는 분자끼리, 분모는 분모끼리 곱해야 합니다. 알기 좋게 식으로 나타내면 다음과 같습니다.

$$\frac{a}{b} \times \frac{c}{d} = \frac{a \times c}{b \times d}$$

$$\frac{2}{3} \times \frac{5}{8} = \frac{2 \times 5}{3 \times 8} = \frac{10}{24} = \frac{5 \times 2}{12 \times 2} = \frac{5}{12}$$

예를 들어, $\frac{2}{3} \times \frac{5}{8}$을 계산한다면 분자의 2와 5끼리 곱한 것을 분자로, 분모의 3과 8끼리 곱한 것을 분모로 나타내야겠지요?

분수의 나누기

분수의 분모는 몇으로 나누는가를 나타내고, 분자는 그 나누어진 조각이 몇 개인가를 나타낸다는 사실은 친구들 모두 아는 사실이지요? 따라서 분수의 나눗셈을 하기 위해서는 덧셈, 뺄셈을 할 때와 마찬가지로 먼저 분모를 같은 수로 만들어야 합니다. 그래야 똑같이 나누어진 조각의 수로 계산을 할 수 있겠지요? 예를 들어서 $\frac{2}{3} \div \frac{4}{5}$ 를 살펴볼까요?

$$\text{먼저 분모를 통일하면} \quad \frac{2}{3} = \frac{2 \times 5}{3 \times 5}, \quad \frac{4}{5} = \frac{3 \times 4}{3 \times 5}$$

$$\frac{2}{3} \div \frac{4}{5} = \frac{2 \times 5}{3 \times 5} \div \frac{3 \times 4}{3 \times 5}$$

여기서 분모가 통일되었으므로 분자끼리의 나누기를 살펴볼까요? 이는 2×5 (10) 조각을 3×4 (12)조각으로 나누는 것과 같지요.

$$\frac{2 \times 5}{3 \times 5} \div \frac{3 \times 4}{3 \times 5} = (2 \times 5) \div (3 \times 4) = \frac{2 \times 5}{3 \times 4}$$

$$\frac{2 \times 5}{3 \times 4} = \frac{2}{3} \times \frac{5}{4}$$

그렇다면 $\frac{2}{3} \times \frac{5}{4}$ 와 같습니다. 그런데 분수의 곱셈은 분모는 분모끼리, 분자는 분자끼리 곱하는 것이므로 $\frac{2 \times 5}{3 \times 4}$와 같지요? 이를 $\frac{2}{3}$ ÷ $\frac{4}{5}$와 비교해보면 분수의 나눗셈이 분자와 분모의 위치를 바꾸어서 곱하는 것과 같음을 알 수 있습니다.

$$\frac{a}{b} \div \frac{c}{d} = \frac{a}{b} \times \frac{d}{c}$$

$$\frac{3}{4} \div \frac{1}{2} = \frac{3}{4} \times \frac{2}{1} = \frac{6}{4} = \frac{3 \times 2}{2 \times 2} = \frac{3}{2}$$

분수의 나누기 방법은 알았지만 왜 분모와 분자의 위치가 바뀌는지는 아직 잘 이해가 되지 않지요? 나눗셈은 덧셈이나 뺄셈, 곱셈과 달리 그 방법을 이해하기가 쉽지 않으므로 다른 방법으로도 알아 보기로 합시다. 나눗셈은 곱셈을 뒤집은 것과 같아요. $\frac{a}{b} \div \frac{c}{d}$는 $\frac{c}{d}$에 어떤 분수를 곱하면 $\frac{a}{b}$가 되는지를 찾는 것과 같습니다. 다시 말하면 $\frac{c}{d}$와 곱하여 $\frac{a}{b}$가 되는 분수를 찾는 것과 같습니다.

$$\frac{c}{d} \times \frac{d}{c} \times \frac{a}{b} = \frac{cd \times a}{ca \times b} = \frac{a}{b}$$

그러므로 $\frac{c}{d}$와 곱했을 때 답이 $\frac{a}{b}$가 되는 분수는 바로 $\frac{ad}{bc}$가 됩니다. 이는 분수 한쪽의 분모와 분자 위치가 바뀐 것과 같지요?

누가 내기에서 이겼을까요?

미미와 소라는 '누가 책을 많이 읽나' 내기를 했습니다. 3일 동안 300페이지나 되는 책을 열심히 읽기로 한 소라와 미미. 그러나 책은 끝이 보이질 않네요. 그래도 좌절하지 않고 열심히 읽으며 마지막으로 읽은 곳에 책갈피를 끼워두는 미미와 소라. 그러나 4일 째 되는 날, 철이가 장난으로 두 친구의 책갈피를 빼버렸군요. 소라와 미미는 어디부터 읽어야 할지 몰라 발을 동동 굴렀습니다. 우리가 소라와 미미의 독서일기를 바탕으로 친구들이 어디부터 읽어야 할지 추적해 볼까요?

소라의 독서 일기

1일 : 책의 $\dfrac{1}{15}$ 을 읽었다. 처음이라 그런지...

2일 : 집중이 잘 된 날! 책의 $\dfrac{22}{60}$ 나 읽었다. 오예!

3일 : 벌써 3일째! 오늘은 책의 $\dfrac{2}{4}$ 를 읽었다.

미미의 독서 일기

1일: 밤새 읽었더니 책의 $\dfrac{5}{6}$ 이나 읽었다.

2일: 수영장에서 놀았더니 피곤해서 책의 $\dfrac{1}{12}$ 만 읽고 잠.

3일: 할머니 생신이라 책의 $\dfrac{1}{50}$ 밖에 못 읽음.

소라가 지금까지 읽은 양은 ($\dfrac{1}{15}$ + $\dfrac{22}{60}$ + $\dfrac{2}{4}$) × 책 전체 쪽 수입니다. 전체 페이지 수를 곱하기 전에 먼저 분수끼리 더해야겠죠? 그런데 분수의 분모가 각각 다르므로 분모를 최소공배수로 통일해야겠군요.

15, 60, 4의 최소공배수 = 60   분모가 같아야 더하고 뺄 수 있어!

$$\dfrac{1}{15} + \dfrac{22}{60} + \dfrac{2}{4} = (1 \times \dfrac{4}{15} \times 4) + \dfrac{22}{60} + (15 \times \dfrac{2}{15} \times 4)$$

$$= 4 + 22 + \dfrac{30}{60} = \dfrac{50}{60}$$

$$\dfrac{50}{60} \times 300 = (\qquad)$$

소라는 (　　　)쪽이나 읽었군요. 평소에 조금씩 규칙적으로 읽는 소라의 독서습관이 잘 드러나지요? 그러면 이번에는 미미의 독서량을 알아봅시다. 이번에도 분모가 각각 달라요. 한번 더 통일하면?

6과 12, 50의 최소공배수는? = (　　　　　)

$$\frac{5}{6} + \frac{1}{12} + \frac{1}{50} = \frac{5 \times (\quad\quad)}{6 \times 50} + \frac{25}{(\quad\quad)} + \frac{6}{(\quad\quad)}$$

$$= \frac{(\quad\quad)}{(\quad\quad)}$$

$\dfrac{(\quad\quad)}{(\quad\quad)}$ 에 300을 곱하면 미미의 독서량이 나오지요? 두 친구의 독서량을 비교해 보면 누가 내기에서 이겼는지도 알 수 있습니다. 3일 동안의 독서내기에서 과연 누가 이겼을까요?　　　　　(정답은 146쪽에)

 너흰 점이 매력이야! 소수

분수를 더하고 뺄 때는 분모를 통일해야 합니다. 그래서 분수는 분모가 클수록 계산도 복잡해져서 덧셈과 뺄셈이 더 어려워지지요. 이런 분수의 불편함을 덜기 위해서 생각해낸 것이 바로 소수입니다.

우리가 쓰는 수는 10배가 되면 자리가 하나씩 올라가는 십진법이지요. 그래서 $\frac{1}{10}$ 배를 하면 자리가 하나씩 내려옵니다. 그럼 1을 $\frac{1}{10}$ 배하면 어떻게 될까요? $\frac{1}{10}$ 이 되겠지요. 그렇다면 $\frac{1}{10}$ 을 $\frac{1}{10}$ 배하면 어떻게 될까요? 바로 $\frac{1}{100}$ 이 됩니다.

소수는 이렇게 분모를 10, 100, 1000처럼 10의 배수로 나타내는 표기법입니다. 즉, $\frac{1}{10}$ 은 0.1으로, $\frac{1}{100}$ 은 0.01으로, $\frac{1}{1000}$ 도 0.001으로 나타낼 수 있지요. 따라서 $\frac{5}{10}$, $\frac{25}{100}$, $\frac{75}{1000}$ 은 각각 0.5, 0.25, 0.075가 됩니다. 예를 들어 215.347을 가지고 각 자릿수와 자릿값을 알아보면 다음 표와 같습니다.

215.347

$$= (100 \times 2) + (10 \times 1) + (1 \times 5) +$$
$$(\frac{1}{10} \times 3) + (\frac{1}{100} \times 4) + (\frac{1}{1000} \times 7)$$

자리	백의 자리	십의 자리	일의 자리	소수 첫째자리	소수 둘째자리	소수 셋째자리
자릿값	100	10	1	$\frac{1}{10}$	$\frac{1}{100}$	$\frac{1}{1000}$
수	2	1	5	3	4	7

소수는 16세기 경부터 쓰기 시작하였는데 오늘날의 형태가 정착된 것은 1800년경입니다. 소수점을 나타내는 방법은 다음과 같이 나라에 따라 약간씩 다릅니다.

우리나라, 미국을 비롯한 대부분의 국가	24.375
영국	24·375
유럽 국가	24,375

소수의 더하기와 빼기

우리가 쓰는 십진법에서는 같은 자릿수의 숫자끼리 더하거나 뺍니다. 소수도 $\frac{1}{10}$, $\frac{1}{100}$, $\frac{1}{1000}$ 과 같이 나타낸 것이므로 자릿값의 원리가 그대로 적용되지요. 따라서 소수의 덧셈과 뺄셈 역시 자연수의 덧셈과 뺄셈에서처럼 자리를 맞추어서 계산하면 됩니다.

예를 들어 35.24 + 107.5 + 2.003을 계산하려고 한다면 자릿수에 맞춰 숫자를 차례로 적고 같은 자릿수끼리 더하면 됩니다.

소수의 곱하기와 나누기

소수의 곱셈은 자연수의 곱셈과 비슷합니다. 하지만 곱하는 두 수의 소수점 아래 숫자의 개수만큼을 세서 소수점을 찍어야 한다는 차이점이 있습니다. 예를 들어 3.75 × 1.3의 풀이를 한번 볼까요?

$$
\begin{array}{r}
3.75 \\
\times \quad 1.3 \\
\hline
1125 \\
375 \quad\; \\
\hline
4875 \\
\end{array}
$$

3.75는 소수점 아래 2자리이고, 1.3은 소수점 아래 한 자리입니다. 그러면 끝에서부터 3번째 자리에 소수점을 찍어주면 됩니다. 그래서 4.875가 답이 되지요. 소수의 곱하기는 왜 이렇게 계산할까요? 이것은 분수 형태로 소수를 바꿔서 계산을 해 보면 쉽게 그 이유를 알 수 있습니다. 아래 풀이를 한번 볼까요?

$$
3.75 \times 1.3 = \frac{375}{100} \times \frac{13}{10} = \frac{375 \times 13}{1000} = \frac{4875}{1000} = 4.875
$$

소수의 나누기 역시 자연수의 나누기와 비슷합니다. 하지만 소수

점을 어디에 표시해야 하는가라는 문제가 남지요. 소수의 나누기 과
정을 직접 살펴보면서 그 과정을 살펴보도록 해요. 예를 들어 15.275
× 3.25를 풀어볼까요?

$$15.275 \times 3.25 = \frac{15.275}{3.25} = \frac{15.275 \times 100}{3.25 \times 100} = \frac{1527.5}{325}$$

$$= \frac{15275}{325} \times \frac{1}{10} = \frac{47}{10} = 4.7$$

위와 같이 나눠지는 수의 소수점 자릿수(소수점 아래 3자리)에서 나
누는 수의 소수점 자릿수(소수점 아래 두자리)를 빼면 답의 소수점 자
릿수(소수점 아래 한 자리)가 나옵니다.

여기서 잠깐!

30% 세일입니다?

우리가 자주 쓰는 퍼센트라는 말의 뜻을 혹시 아시나요? 퍼센트
는 이탈리아어 'per cento(100에 대하여)'라는 단어에서 왔습니다.
30%는 '100에 대하여 30'이라는 뜻이기 때문에 소수로 0.3이 됩
니다. 그리고 분수로는 $\frac{30}{100}$이 되지요.

지금의 소수모양이 만들어지기까지

소수는 루돌프(Christoff Rudolff)라는 사람이 1530년 처음으로 쓰기 시작했지요. 그러나 그는 소수의 개념이나 계산법을 설명하지는 못했지요. 그러다가 스테빈이라는 수학자가 1585년 자신의 책에서 소수의 개념과 계산법을 설명하면서 본격적으로 소수가 사용되기 시작하였습니다. 그러나 표기법은 지금과 달랐지요. 소수가 지금까지 어떤 변화과정을 거쳤는지 24.375를 예로 살펴보면 다음 표와 같습니다.

사용한 사람	년도	$24\frac{375}{1000}$ 의 표기
루돌프 *Rudolff*	1530	24 ┃ 375
스테빈 *Stevin*	1585	$24⓪3①7②5③$
비에타 *Vieta*	1600	24┃₃₇₅
케플러 *Kepler*	1616	24 (375
네이피어 *Napicr*	1617	24, 3′7″5‴
브리그스 *Briggs*	1624	24^{375}
오트레드 *Oughtred*	1631	24┃375
불란 *Bulan*	1653	24:375
오자남 *Ozanam*	1691	$24. 3\overset{(1)}{}7\overset{(2)}{}5\overset{(3)}{}$

지구야 그만 좀 잡아당겨
무게

미미와 소라는 주말을 맞아서 국립박물관에서 하는 보석 전시회를 보러 갔습니다. 반짝반짝 예쁜 보석들을 보고 둘 다 눈이 휘둥그레 해졌지요. 미미와 소라는 곧장 전시회의 하이라이트인 50캐럿짜리 다이아몬드를 찾아 나섰습니다. '50캐럿이라니. 캐럿은 얼마나 큰 걸 말하는 단위일까?' 두 친구들은 다이아몬드의 크기가 얼마나 될지 매우 궁금했어요. 사람들이 모여든 곳으로 갔더니 금방 다이아몬드가 나타났습니다. 미미와 소라는 크고 아름다운 다이아몬드를 보고 입이 쩍 벌어졌지요.

"세상에서 가장 큰 다이아몬드는 500캐럿 정도 된다고 하던데, 그
건 얼마나 클까?" 이 말을 들은 미미가 말했어요. "내 얼굴만 하지 않
을까? 그런데 사실 캐럿은 크기가 아니라 무게를 나타내는 단위야.
그러니 '세상에서 가장 무거운 다이아몬드'라고 해야 맞지."

저울처럼 무게를 잴 수 있는 기구가 없었던 고대 서양에서는 캐럽
*carob*이라는 식물의 씨앗을 무게의 단위로 사용했습니다. 캐럽은 한
알의 무게가 200～204mg으로 거의 비슷해서 단위로 사용하기에 적

합했지요. 다이아몬드의 무게를 나타내는 단위인 캐럿carat도 바로 이 캐럽이라는 말에서 유래한 것입니다. 요즘에는 1캐럿을 200mg으로 정하여 쓰고 있답니다. 따라서 50캐럿짜리 다이아몬드의 무게는 10g 인 셈이지요.

 다이아몬드 = 1캐럿 = 200mg = 0.2g

 돈으로 무게를 잰 우리나라 사람들

그램이나 킬로그램 같은 무게의 단위가 생기기 전에 우리나라에 서는 어떤 무게 단위들을 사용했을까요? 우리나라에는 예전에 주로 사용했다가 현재는 사용하지 않는 무게 단위들이 많이 있습니다. 한 번 알아 볼까요?

돈 · 냥 · 관

돈은 귀금속이나 약재 등의 무게를 잴 때 사용했던 단위입니다. 돈 이라는 이름도 동전 한 개의 무게에서 유래한 것이지요. 현재의 단위로는 약 3.75g이랍니다. 최근까지도 금반지 등의 양을 나타낼 때 돈이라는 단위를 사용했답니다.

냥(兩)은 10돈에 해당하는 단위로 약 37.5g정도 됩니다. 여러분도 조선시대를 배경으로 한 드라마에서 사람들이 한 냥, 두 냥이라고 말하는 모습을 본적이 있을 거예요.

관(貫)은 동전 1000개의 무게를 기준으로 만든 단위입니다. 관이라는 단어는 '한 꾸러미' 라는 의미의 한자어로 고구마나 감자, 토마토 등 채소의 무게를 잴 때 사용했습니다. 현재 단위로는 약 37.5kg이 되지요.

근

근(斤)은 고대 중국에서 비롯되어 송나라 때 확실하게 정해진 무게 단위입니다. 주로 쇠고기나 돼지고기 등의 무게를 잴 때 사용하지요. 어머니와 함께 정육점에 고기를 사러갔던 기억을 한번 떠올려보세요. 어머니가 '돼지고기 한 근 주세요' 라고 말하는 것을 들어본 기억이 있을 겁니다. 여기서 말하는 고기 한 근은 현재 단위로는 약 600g 정도 되지요. 하지만 야채의 경우에는 고기의 무게를 재는 것과 달리 한 근을 400g으로 계산한답니다.

서양 고유의 무게 단위

이번에는 과거 서양에서 사용하다가 현재는 미국과 몇몇 나라에서 만 사용하고 있는 단위를 알아보도록 해요. 아마 여러분도 한 번쯤은 들어 본 단위일 것입니다.

온스 · 파운드

무게의 단위인 온스(oz)는 귀금속을 재는 트로이 온스와 약품 등을 재는 플루이드 온스 등 여러 종류가 있어요. 그러나 보통 무게 단위로 쓰이는 1온스는 약 28.35g이랍니다. 작은 양의 차이로도 값어치가 달라지는 귀금속이나 건강에 영향을 미치는 약의 용량을 정확하게 재기 위해서 만들어진 단위가 바로 온스입니다.

파운드(lb)는 1온스의 16배로 약 453.6g입니다. 여러분이 빵집에 가면 볼 수 있는 '파운드 케이크'도 밀가루, 달걀, 설탕, 버터를 1파운드씩 사용하여 만든 데서 유래한 것이랍니다.

▲ 파운드 케이크

전 세계 사람들이 사용하는 무게의 단위

여러분이 잘 알고 있는 그램(g)과 킬로그램(kg)은 전 세계 사람들이 사용하고 있는 미터법의 무게 단위입니다. 킬로그램의 경우 1790년 파리과학학사원에서 $1m^3$ 증류수의 질량을 무게의 기준으로 제안한 후 지금까지 사용하고 있는 것이지요. 이 질량을 기준으로 한 킬로그램 원기(prototype kilogram)가 현재 프랑스에 보관 중이랍니다.

▲ 백금과 이리듐 합금으로 만든 킬로그램 원기

1톤 = 1t = 1000kg

1킬로그램 = 1kg = 1000g

1헥토그램 = 1hg = 100g

1데카그램 = 1dag = 10g

×10 (

1그램 = 1g

×$\frac{1}{10}$ (

1데시그램 = 1dg = 0.1g

1센티그램 = 1cg = 0.01g

1밀리그램 = 1mg = 0.001g

하지만 이후에도 과학자들은 질량의 오차를 개선하기 위해 노력했고, 4℃의 물 $1cm^3$의 양을 1g으로 정하여 기본질량단위로 공표했습니다.

이제 무게와 관련된 문제를 하나 풀어볼까요? 다음 그림을 보면 평행을 이루고 있는 두 양팔저울 위에 원판들이 올려져 있습니다. 같은 색깔의 원판은 무게가 같습니다. 이때 분홍색 원판 3개는 초록색 원판 몇 개의 무게와 같을까요? 비례식을 이용하면 더 쉽게 답을 구할 수 있을 거예요.

(정답은 147쪽에)

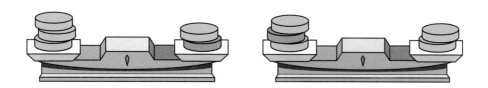

 무게랑 질량은 뭐가 다르지?

여러분 무게와 질량의 차이를 알고 있나요? 무게와 질량의 가장 큰 차이는 '무게는 변하지만 질량은 변하지 않는다' 는 것입니다. 어떻게 무게가 변하냐고요? 무게는 지구가 물체를 잡아당기는 힘이기 때문이죠. 반면 물체 자체가 가지고 있는 고유의 양은 질량이라고 합니다. 예를 들어 여러분이 달로 여행을 가서 몸무게를 잰다면 지구에서 잰 무게보다 6배 적은 무게가 나올 것입니다. 달은 지구보다 중력이 6배 작기 때문이지요. 하지만 달에서도 질량은 변함이 없지요. 중력이 달라졌을 뿐 여러분 자체가 달라진 것은 아니니까요.

하지만 뭐든지 기준이 되는 것은 변함이 없어야겠지요? 그래서 1g도 기본무게단위가 아니라 기본질량단위로 정한 것이지요. 물론 1g이라는 질량 역시 지구에서 잰 것이기 때문에 무게와 질량이라는 말을 혼동해서 쓰는 것이랍니다.

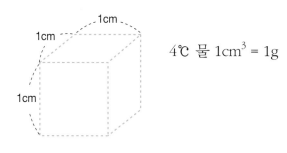

$4°C$ 물 $1cm^3$ = 1g

 지구의 질량을 잰 괴짜 과학자 캐번디시

여러분은 유명한 뉴턴의 사과와 만유인력의 법칙을 들어본 적이 있을 겁니다. 뉴턴은 나무에서 사과가 떨어지는 모습을 보고 사물과 사물이 서로 끌어당기는 힘인 만유인력을 발견했지요. 사과도 지구를 끌어당기고 지구도 사과를 끌어당기는데, 사과가 지구 쪽으로 떨어지는 이유는 지구의 질량이 훨씬 더 크기 때문이지요. 뉴턴은 두 물체 사이의 거리와 물체의 질량과의 관계를 다음과 같은 공식으로 나타냈습니다.

$$F = \frac{G \times (m_1 \times m_2)}{r^2}$$

F = 만유인력

G = 만유인력 상수

m_1 = 물체1의 질량

m_2 = 물체2의 질량

r = 두 물체 사이의 거리

    이 공식을 보면 두 물체의 질량이 클수록, 두 물체 사이의 거리가 작을수록 인력이 커지는 것을 알 수 있습니다. 하지만 만유인력 상수인 G는 0.0000001보다 작은 수이기 때문에 사람이 들수 없는 쇳덩어

리라 할지라도 인력 값이 거의 0에 가깝게 나온답니다. 우리가 주변의 사물에서 서로 잡아당기는 힘을 확인할 수 없는 것도 이 때문이지요.

하지만 그 사물이 지구라면 얘기가 달라지겠죠. 지구의 질량은 우리가 상상하기 힘들 정도로 큰 양일 테니까요. 지구 정도의 질량이기 때문에 아주 작은 만유인력 상수에도 불구하고 사과를 떨어뜨릴 수 있답니다. 만약 우리가 지구 정도의 인력을 가지고 있다면 마치 초능력자처럼 손도 대지 않고 물건을 움직일 수 있을 것입니다.

바로 이러한 만유인력의 법칙을 이용해서 지구의 질량 재기에 도전한 과학자가 있었습니다. 18세기 영국의 과학자인 캐번디시는 아래 그림과 같이 '비틀림 저울'이라는 도구를 사용해 만유인력의 상수 값 G를 구했지요. 이는 막대 중간에 실을 매달고 막대의 양 끝에 같은 질량의 납으로 만든 공을 붙인 것입니다.

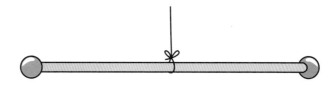

금속 공을 납으로 만든 공 근처에 가져가면 거리에 따라 인력이 달라져 막대가 흔들리게 되지요. 이를 관찰한 그는 막대가 움직인 각도 (F), 금속 공(m_1)과 납 공(m_2)의 질량, 금속 공과 납 공 사이의 거리(r)

를 비교하여 만유인력 상수 값 G를 구했습니다.

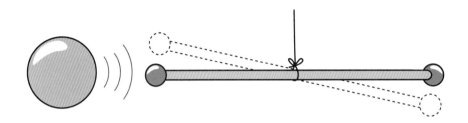

이렇게 해서 캐번디시가 계산해낸 지구의 질량은 6 × 1024kg이었습니다. 요즘에 와서 최첨단 기구를 사용하여 측정한 지구의 질량이 5.9736 × 1024kg인 것을 생각하면 꽤 정확한 측정이지요.

여기서 잠깐!

유령 과학자 캐번디시

지구의 질량을 구한 것뿐만 아니라 수소 가스도 발견했던 캐번디시는 매우 특이한 과학자였어요. 그는 집 밖으로 나오는 일이 거의 없었을 뿐만 아니라 사람들의 눈에 띄는 것도 좋아하지 않았답니다. 그래서 한 집에 사는 하인들도 마주치지 않기 위해 쪽지로 의사소통을 했다고 해요. 캐번디시의 이런 성격 때문에 그의 실험결과와 연구 업적의 절반 이상은 과학계에 발표하지 않아서 절반이 넘는 업적이 그가 죽기 전까지는 비밀스럽게 유지되었다고 합니다.

양팔저울과 벽돌로 무게 재기

여러분 앞에 팔의 길이가 다른 양팔 저울과 한 개의 무게가 1kg인 벽돌이 있습니다. 이 두 가지 도구를 이용하여 물건의 무게를 잰다면 어떤 방법으로 잴 수 있는지 설명해 보세요. (정답은 147 쪽에)

_____

_____

_____

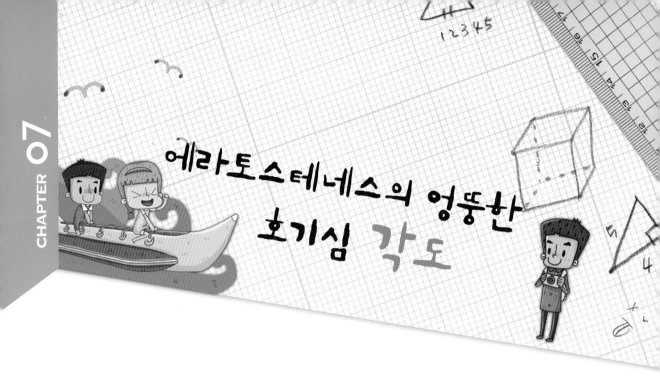

에라토스테네스의 엉뚱한 호기심 각도

아주 먼 옛날에도 땅의 경계를 그릴 때나 건물을 지을 때 직각 90°가 필요했습니다. 지금이야 각도기를 사용해서 직각을 쉽게 그릴 수 있지만 옛날에는 각도기처럼 발달된 도구가 없었어요. 그럼 옛날 이집트 사람들은 어떻게 했을까요?

2500년 전, 고대 이집트에는 직각을 만드는 직업이 있었답니다. 이름하야 하페도놉타*harpedonopta*이지요.

▲피라미드

하페도눕타는 긴 밧줄에 12개의 매듭을 지어서 매듭 3칸, 매듭 4칸, 매듭 5칸을 표시하여 가지고 다녔어요. 그리고 늘 데리고 다니는 노예 3명이 표시한 3부분의 매듭을 각각 잡고 서있게 했어요. 그리고는 밧줄을 힘껏 팽팽하게 당겨서 직각 삼각형을 만든 다음, 줄을 따라서 생긴 직각을 이용해서 땅의 경계를 그리거나 건물을 지었답니다.

이집트 사람들은 이렇게 고대부터 각 변의 비가 3 : 4 : 5인 직각 삼각형에 대해서 알고 있었어요. 하페도놉타가 12개 매듭이 있는 끈을 가지고 다녔던 것도 세 변의 비를 이용해서 직각을 만들기 위해서였습니다. 그렇다면 그 옛날부터 왜 사람들은 직각을 90°로 정했을까요? 십진법에 따라서 10°나 100°로 정하면 편하지 않았을까요?

 직각은 왜 하필 90도일까?

지금의 1°는 원의 각도를 360등분한 것입니다. 직각을 4개 모아 원을 만들 수 있으니까 직각이 왜 90°인지 알기 위해서는 원을 왜 360°라고 부르게 되었는지부터 알아봐야겠죠?

처음으로 원을 360등분한 것은 고대 바빌로니아 인들입니다. 그당시에는 거리를 나타내는 단위로 '바빌로니아 마일'을 사용했어요. 그런데 이 단위는 시간을 뜻하는 단위가 되기도 했지요. 미터로 환산하면 11.2㎞ 정도 되는 이 거리를 걸어가는 데 걸리는 시간을 단위로 쓴 셈이죠.

하루라는 시간을 이 바빌로니아 마일로 재어 보았더니 12 바빌로니아 마일이 나왔다고 하네요. 즉, 하루 동안 걸으면 12 바빌로니아

12 바빌로니아 마일

마일을 갈 수 있었다는 말이지요. 그래서 하루의 시간은 12 바빌로니아 마일이 되었습니다. 그 당시 바빌로니아 인들은 하늘이 한 바퀴 돌면 하루가 지나간다고 믿었습니다. 지구가 한 바퀴 도는 시간을 하루라고 부르는 우리와 비슷하죠? 그래서 하루 즉, 완전한 한 바퀴(원)는 12 바빌로니아 마일로 불렸지요.

　　그러나 하루를 12등분한 것을 시간 단위로 사용해 보니 불편하였습니다. 그래서 바빌로니아 인들은 12등분한 시간을 다시 30등분하게 되었어요. 하루를 12×30등분 (360등분)한 셈이지요. 이렇게 바빌로니아 인들은 하루, 그리고 원을 360등분해서 사용하게 되었고, 직각도 자연히 이것의 $\frac{1}{4}$인 90°가 된 것이지요.

직각삼각형을 사랑한 피타고라스

어린 시절부터 영리한 아이로 소문이 났던 한 수학자가 있었어요. 그 주인공인 피타고라스는 신동으로 불리면서 당시 유명한 수학자였던 탈레스의 제자가 되어 공부를 하게 되었습니다. 그리고 훌륭한 수학자로 자라나 직각삼각형에 대한 재미있는 사실을 증명해냈지요.

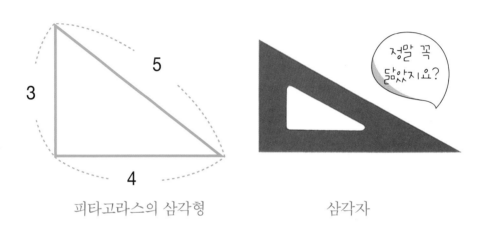

피타고라스의 삼각형   삼각자

피타고라스는 직각삼각형에서는 가장 긴 변의 제곱은 나머지 두 변의 제곱을 합한 것과 같다는 사실을 수학적으로 증명해냈습니다. 그래서 이를 우리는 피타고라스의 정리라고 부르지요. 여기서 가장 긴 한 변의 제곱은 나머지 두 변의 제곱에 합과 왜 같은지 한번 알아볼까요?

준비물

· 삼각자 2개

· 직각 삼각형의 넓이를 구하는 공식

  (가로×세로)÷2 = 직각 삼각형의 넓이

  = 직각을 이루는 두 변의 곱÷2

· 사다리꼴의 넓이를 구하는 공식

  {(윗변 + 밑변) × 높이} ÷ 2 = 사다리꼴의 넓이

1. 먼저 삼각자 두 개를 아래와 같이 붙입니다. 그리고 윗변과 아랫변을 선으로 이어줍니다. 짜잔! 사다리꼴이 하나 생겼지요? 우선 이 사다리꼴의 넓이를 구해 볼 거예요.

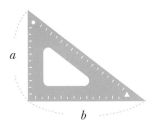
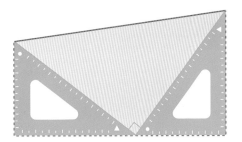

이 사다리꼴의 넓이는 삼각자 두 개의 넓이에 빨간색 삼각형을 더한 것과 같죠? 그래서 우리는 사다리꼴의 넓이를 구하는 식과 삼각형 넓이의 합을 구하는 식을 비교해서 $a^2 + b^2 = c^2$을 증명해 볼 거예요.

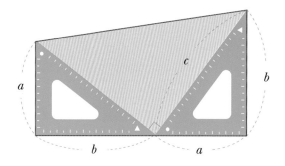

2. 먼저 삼각형의 합으로 사다리꼴의 넓이를 구합시다.

$$\frac{\{(윗변 + 아랫변) \times (높이)\}}{2} = \frac{(a+b) \times (a+b)}{2} = \frac{(a+b)^2}{2}$$

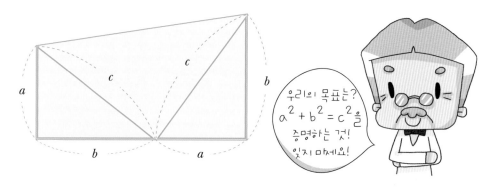

우리의 목표는? $a^2 + b^2 = c^2$ 을 증명하는 것! 잊지 마세요!

3. 이제는 삼각형 세 개의 넓이를 더하기! 삼각자 두 개는 넓이가 같아요. 빨간색 삼각형만 넓이가 다르지요? 따라서 모두 더하려면

(삼각자 하나의 넓이 × 2) + 빨간색 삼각형의 넓이

$= \{(a \times b) \div 2\} \times 2 + (c \times c) \div 2 = \dfrac{2ab}{2} + \dfrac{c^2}{2}$ 이 됩니다.

4. 그러면 사다리꼴의 넓이 = 삼각형 넓이의 합을 풀어 써 볼까요?

$$\frac{(a+b)^2}{2} = \frac{2ab}{2} + \frac{c^2}{2}$$

$$a^2 + 2ab + b^2 = 2ab + c^2$$

$$a^2 + b^2 = c^2$$

▲ 피타고라스

그러면 $a^2 + b^2 = c^2$이 남습니다. 대단해요! 삼각자 두 개로도 이렇게 피타고라스의 법칙을 증명할 수 있군요!

여기서 잠깐!

똑똑한 대통령의 증명!

금방 알아본 것과 같이 쉽고 재미있는 증명을 해낸 사람은 바로 미국의 20대 대통령인 제임스 가필드 *James Abram Garfield* 라는 분입니다. 그 외에도 많은 사람들이 $a^2 + b^2 = c^2$을 증명했어요. 그리고 이에 관련된 증명법만 해도 300여 가지가 넘는 답니다.

지구의 둘레를 구한 에라토스테네스

　기원전 200년 경, 그리스에 에라토스테네스라는 수학자가 살았습니다. 그는 알렉산드리아 도서관의 관장이기도 했지요. 도서관의 자료를 정리하던 어느 날, 에라토스테네스는 '하짓날 정오에 이집트 시에네(지금의 아스완)에서는 사원 돌기둥의 그림자가 없어지며, 햇빛이 우물 바닥까지 이른다' 라는 문구를 읽게 됩니다.

　에라토스테네스는 궁금했습니다. '다른 곳에는 정오에도 사물의 그림자가 있는데 왜 그곳만 그림자가 사라질까?' 에라토스테네스는 이러한 호기심을 시작으로 지구의 둘레를 재기로 결심합니다.

정오에 해가 수직으로 떠 있는 것과 지구의 둘레는 도대체 어떤 관계가 있을까요? 이를 알기 위해서는 먼저 우선 둥근 지구의 두 가지 특성, 즉 원의 두 가지 특성을 알아야 합니다. 원이 360°라는 것은 이미 여러분도 알고 있지요? 이것이 첫 번째 원의 특성입니다. 이런 원을 부채꼴 모양으로 자르면 부채꼴의 중심각과 원호 길이는 서로 비례하지요. 이것이 우리가 두 번째로 기억해야 할 원의 특성입니다. 이 두 가지 원의 특성을 이용하면 부채꼴의 원호 길이와 중심각으로 전체 원의 둘레를 알 수 있답니다.

마지막으로 '평행선에서 나타나는 엇각은 그 크기가 같다' 까지 알면 에라토스테네스가 지구의 둘레를 어떻게 구했는지 알 수 있지요. 그는 이 세 가지 원리를 지구에 적용했습니다. 그리고 시에네와 알렉산드리아 간의 거리를 이용했지요. 당시에는 여행자들을 통해 시에네와 이집트의 알렉산드리아 간의 거리가 5000스타디아라고 알려져 있었습니다.

여기서 잠깐!

스타디아 : 고대 그리스의 길이단위로 1스타디아*stadia*는 약 185m에 해당해요. 올림픽 스타디움을 한 바퀴 도는 거리를 의미하지요.

시에네에서 알렉산드리아까지의 거리가 5000스타디아라면 시에네에서 알렉산드리아까지의 거리 역시 지구라는 원에 속한 부채꼴의 원호가 됩니다. 이 부채꼴을 시에네·알렉산드리아를 줄여 '시알 부채꼴'이라고 불러봅시다. 원호의 길이가 5000스타디아인 시알 부채꼴의 중심각만 알면 지구의 둘레를 구할 수 있습니다. 에라토스테네스는 어떻게 그 각도를 알아냈을까요? 정답은 그가 도서관에서 보았던 '하짓날 정오에 이집트 시에네에서는 사원 돌기둥의 그림자가 없어지며 햇빛이 우물 바닥까지 이른다'에 있었습니다. 햇빛이 우물 바닥에 이른다는 말은 해가 시에네에 수직으로 뜬다는 뜻이지요.

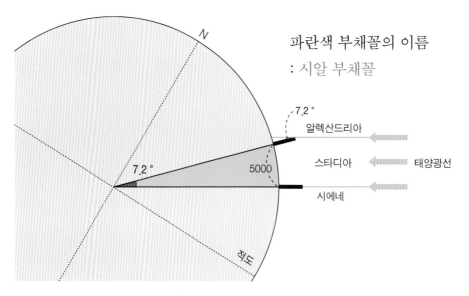

$$\frac{7.2°}{360°} = \frac{\text{시에네와 알렉산드리아 사이의 거리}}{\text{지구의 둘레}}$$

에라토스테네스는 이를 위해 하짓날 정오가 되기를 기다렸습니다. 그리고 알렉산드리아에 막대기를 하나 꽂았지요. 예상대로 그림자가 생겼습니다. 에라토스테네스는 실로 막대기의 끝을 연결해 그림자와 실, 막대기를 연결한 삼각형을 만들고 막대기와 실 사이의 각도를 측정했지요.

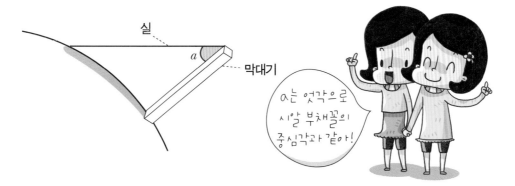

그리고 그는 막대기와 그림자를 연결한 선의 각도가 시알 부채꼴의 각도라는 것을 알아냈지요. 수학에서는 이러한 각을 엇각이라고 합니다. 에라토스테네스가 구한 막대기와 그림자 사이의 각도는 7.2°였고, 엇각으로 시알 부채꼴의 중심각과 같습니다. 이때 7.2°는 360°의 $\frac{1}{50}$입니다. 각과 원호는 비례한다는 특성을 생각해보면 5000스타디아는 지구 둘레의 $\frac{1}{50}$이었던 셈이지요.

그래서 5000스타디아의 50배인 25000스타디아인 46250km가 되지요. 실제로 측정된 지구의 둘레가 40008km임을 고려해보면 2000여 년 전 에라토스테네스가 구한 지구 둘레는 굉장히 정확한 편이지요?

자와 컴퍼스로 각을 나누기

옛날 그리스 사람들은 자와 컴퍼스만으로 도형을 그리는 문제를 연구했습니다. 이렇게 자와 컴퍼스만으로 도형을 그리는 일을 작도라고 하지요. 작도 중에는 그리스 사람들이 해내지 못했던 것도 있었습니다. 그 중 하나가 각을 삼등분하는 작도이지요. 사람들은 다음과 같이 하여 각을 쉽게 이등분하였습니다. 그래서 자연스럽게 3등분도 쉬울 것이라고 생각했습니다.

사실 각의 삼등분은 정9각형을 그릴 때 꼭 필요한 과정이지요. 그래서 사람들은 각의 삼등분 작도에 더 열을 올리게 되었습니다. 그런데 이 작도는 될 듯하면서도 되지 않았습니다.

그리고 2000년이 지난 19세기에 와서야 자와 컴퍼스만으로는 각을 3등분 할 수 없음이 밝혀졌습니다.

여기서 우리는 컴퍼스와 자로 옛날 그리스인들처럼 각을 2등분해 볼까요?

1. 먼저 나눠야 할 각의 꼭짓점을 중심으로 원호를 하나 그려요.

2. 각을 이루는 두 선분과 원호가 만난 두 점에서 다시 앞의 원과 같은 크기로 원호를 각각 그려줍니다.

3. 새로 그린 두 원호가 만나는 점을 꼭짓점과 이어줍니다.

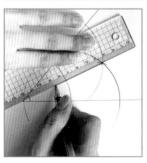

4. 두 각의 크기가 같은지 비교해 봅니다.

나눠진 각의 크기가 서로 같지요? 이렇게 간단한 방법으로 어떻게 각이 이등분되는 걸까요? 이유는 간단합니다. 네 변의 길이가 같은 평행사변형의 성질을 이용했기 때문이지요.

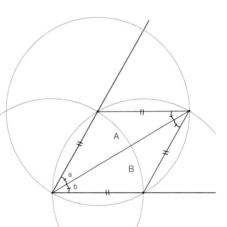

앞서 그린 원호의 점들을 연결해보면 평행사변형이 하나 나오지요? 이때 평행사변형을 이루고 있는 두 삼각형 A와 B가 합동이라면 a와 b의 크기도 같습니다. 일단 A와 B는 밑변이 같지요. 그리고 양 변이 같은 원의 반지름이므로 서로 길이가 같습니다. 그래서 이렇게 같은 길이의 원을 그려 그 선을 이을 경우 생기는 선을 꼭짓점과 연결하면 각이 2등분 되는 것이지요. 어때요? 이제는 피자 한 조각이 남아도 컴퍼스와 자를 이용해서 동생과 사이좋게 나눠먹을 수 있겠죠?

태양은 언제 일어나지?
시간

로빈슨 크루소처럼 무인도에 표류했다고 생각해 봅시다. 누군가에게 구조되기 전까지 며칠동안 이 섬에서 살았는지, 이 섬을 떠날 때 적어도 내 나이가 몇인지를 알 수 있으려면 시간을 아는 것이 가장 중요하지요. 과거에도 마찬가지였습니다. 각종 단위가 뚜렷이 정해지지 않았던 시절, 인류가 측정하고자 애썼던 것 중 하나가 바로 시간입니다. 수천 년 전부터 사람들은 1년은 몇 달, 한 달은 며칠, 하루는 몇 시간 등을 정하려고 무던히 노력했지요.

시간은 사냥을 하거나 농사를 위한 가장 좋은 시간을 알아내는 데 꼭 필요했습니다. 밤에 불을 환히 켤 수 없었던 때에는 해가 떠 있는 동안의 시간 개념을 중요하게 생각했어요. 그러다가 후에 해가 진 뒤의 시간도 생각하게 되었지요. 그렇다면 지금 우리가 사용하고 있는 하루 24시간, 1시간 60분 등은 어떻게 정해졌을까요?

바빌로니아 · 중국 : 달이 12번 차고 기울면 1년이 지난다는 사실을 이용, 하루를 12로 나눴습니다. 그 후 낮을 12시간으로, 밤도 12로 다시 한번 나누면서 하루가 24시간이 되었지요.

하지만 낮 따로, 밤 따로 12등분을 한 시간은 여름에는 낮이 길고 겨울에는 밤이 긴 특성 때문에 계절마다 그 길이가 바뀌곤 했답니다. 그래서 그리스 시대에는 밤과 낮의 길이를 합쳐서 24등분했습니다.

그리스 : 밤과 낮을 합해서 24등분 했어요.

14세기 경 : '하루는 24시간'으로 정해졌습니다.

'하루 = 24시간'을 표준으로 정한 것은 1330년경입니다. 이때가 되어서야 비로소 1월의 한 시간과 6월의 한 시간의 길이가 같아졌고, 서로 다른 도시끼리도 한 시간의 길이가 똑같아졌지요.

 비 오면 시간을 모르는 해시계

해시계는 동그란 접시모양의 시계 예요. 해가 잘 드는 곳에 두면 해시계에 생기는 그림자가 가르키는 눈금을 보고 시간을 알 수 있었답니다. 오랜 기간 동안 사람들은 해시계를 이용하였습니다. 최초의 해시계는 기원전 1500년경 이집트에서 만들어졌다고 합니다.

▲ 해시계

그런데 해시계는 흐린 날과 비 오는 날에는 사용할 수 없다는 단점이 있었어요. 그래서 만들게 된 시계가 바로 물시계입니다. 물시계는 안쪽에 눈금이 새겨진 그릇의 바닥에 작은 구멍을 낸 것이지요. 이는 구멍이 난 그릇에 물을 채우면 일정하게 물이 흘러나온다는 원리를 이용하여 만든 시계입니다. 물시계는 흐린 날에 쓸 수 있을 뿐 아니라 해시계보다도 정확하게 시간을 잴 수 있다는 장점도 있었지요. 최초의 물시계 역시 기원전 1400년경에 이집트에서 만들어졌다고 합니다. 하지만 확실하게 기록으로 남아있는 것은 기원전 300년경 고대 로마의 물시계입니다.

여기서 잠깐!

콜럼버스는 어떻게 시간을 알았을까?

배는 출렁이기 때문에 물시계를 사용하기 어렵습니다. 게다가 비바람이 몰아치는 풍랑이라도 만나면 해시계 역시 사용하기 어렵지요. 그렇다면 콜럼버스가 항해를 할 때 사용했던 시계는 무엇일까요?

(정답은 147쪽에)

쥐(子)시에 만날까?

　남아있는 기록에 의하면 삼국시대부터 우리 조상들은 해시계, 물시계를 만들어 시간을 쟀다고 합니다. 고려시대 충목왕 때는 시각을 알리는 큰 종이 만들어졌다고 하며, 조선시대의 세종대왕 때는 장영실이 해시계인 앙부일구와 물시계인 자격루를 만들었습니다. 이를 바탕으로 우리 조상들은 밤 11시에서 새벽 1시 사이를 자시(子時)로 정하고, 축시(丑時 : 새벽 1시에서 3시), 인시(寅時: 새벽 3시에서 5시), 묘시(卯時 : 오전 5시에서 7시), 진시(辰時 : 오전 7시에서 9시), 사시(巳時 : 오전 9시에서 11시), 오시(午時 : 11시에서 오후 1시), 미시(未時 : 오후 1시에서 3시), 신시(申時 : 오후 3시에서 5시), 유시(酉時 : 오후 5시에서 7시), 술시(戌時 : 밤 7시에서 9시), 해시(亥時 : 밤 9시에서 11시)의 시간 단위를 사용하였습니다.

한 식경 잇다가 보자!

▲ 12지신

여기에서 오시(午時)는 11시에서 오후 1시까지를 뜻합니다. 그리고 오시의 가운데가 12시라서 우리는 12시를 정오(正午)라고 부르게 되었지요. 오전(午前 : 정오 이전)이나 오후(午後 : 정오 이후)라는 말도 이 오시에서 유래한 것입니다.

나 어제 삼경까지 공부했어

밤에는 해시계를 볼 수 없었던 옛날에는 시간을 알려주기 위하여 매 시간마다 막대기를 치는 사람이 있었다고 합니다. 이때 쳐서 소리를 낸 막대기의 이름이 경(更)입니다. 그래서 과거에는 막대기를 한 번씩 치고 다니는 초경(初更 : 저녁 7시에서 9시, 술시와 같음), 두 번씩 치고 다니는 이경(二更 : 밤 9시에서 11시, 해시와 같음), 세 번씩 치고 다니는 삼경(三更 : 밤 11시에서 새벽 1시, 자시와 같음), 네 번씩 치고 다니는 사경(四更: 새벽 1시에서 3시, 축시와 같음), 다섯 번씩 치고 다니는 오경(五更 : 새벽 3시에서 5시, 인시와 같음)으로 밤 시간을 나누기도 하였습니다.

그 외에도 이보다 짧은 시간을 나타내는 단위로는 일각(一刻 : 한 시간을 4로 나눈 15분 정도), 식경(食頃 : 밥 한 끼를 먹을 동안의 시간으로 약 30분 정도)과 같은 것이 있습니다.

왜 60초, 60분, 24시간일까?

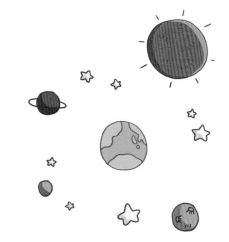

지금 우리가 사용하는 시간 단위는 1년 = 365일, 1개월 = 30일, 1주일 = 7일, 1일 = 24시간, 1시간 = 60분, 1분 = 60초를 사용하고 있습니다. 이런 시간 단위는 과연 어디서 유래한 것일까요?

1년이 365일인 것은 지구가 태양을 한 바퀴 돌아 다시 제자리로 돌아오는 시간으로 기준을 삼은 것입니다. 그리고 한 달이 30일 인 것은 달이 지구를 한 바퀴 돌아 다시 같은 모양이 되는 시간을 기준으로 삼은 것이지요. 1주일이 7일인 것은 성경에 따른 것이며 일요일, 월요일, 화요일, 수요일, 목요일, 금요일, 토요일이라는 이름은, 천문학이 발달했던 바빌로니아의 사람들이 해, 달, 화성, 수성, 목성, 금성, 토성을 이름으로 사용했던 것에서 유래합니다.

1시간이 60분, 1분이 60초로 된 것 역시 고대 바빌로니아의 60진법 때문이랍니다. 수학이 발달했던 바빌로니아 시간의 영향으로 지금도 우리는 60초, 60분, 하루 24시간을 쓰고 있지요.

너의 3시는 나의 8시!

지구의 자전으로 낮과 밤이 생깁니다. 그리고 사람들은 대부분 낮과 밤이 교차하는 리듬에 따라 생활하지요. 따라서 우리의 일상생활과 시간은 태양을 기준으로 정해진다고 할 수 있습니다. 그리고 하루의 중간인 정오는 태양이 우리 머리 바로 위에서 수직으로 비추는 시간을 의미하지요.

자전을 하는 지구 때문에 세계 곳곳의 시간은 조금씩 차이가 납니다. 특히 비행기로 여행을 할 경우에는 출발지와 도착지의 시간 기준이 다릅니다.

이렇게 시간이 장소마다 제각각이다 보니 지구상의 모든 시간에 적용할 수 있는 시간 기준이 필요했습니다. 영국 그리니치 천문대를 지나는 자오선이 바로 그 기준이 되었지요. 사람들은 이 자오선을 기준으로 적도를 따라 360°를 24개로 나누었습니다. 따라서 경도 15°마다 시간대를 나눠 24개의 시간대(Time zone)를 만들었지요.

▲ 그리니치 천문대

그리고 같은 경도대인 지역은 동일한 시간을 사용하기로 했습니다.

그 결과 영국 그리니치 천문대의 자오선(경도 0°)을 기준으로 동쪽으로 15°씩 이동할 때마다 1시간씩 빨라지고, 서쪽으로 15°씩 이동할 때마다 1시간씩 늦어지게 되었지요. 이를 기준으로 계산해 보면 영국이 밤 12시일 때 한국은 그보다 9시간 빠른 오후 3시입니다. 이렇게 자오선을 기준으로 만들어진 시간이 표준시입니다.

표준시에 나라의 시간을 맞춰 쓰는 것을 국가표준시간이라고 합니다. 하지만 나라마다 지형적인 조건이 다르기 때문에 한 나라 안이라도 지역마다 표준시가 다른 경우도 있습니다. 영토가 가로로 넓은 러시아, 미국, 캐나다 같은 나라는 여러 개의 표준시를 사용하지요. 미국의 경우에는 알래스카, 시애틀, 솔트레이크시티, 시카고, 뉴욕이 각각 한 시간씩 차이가 난답니다.

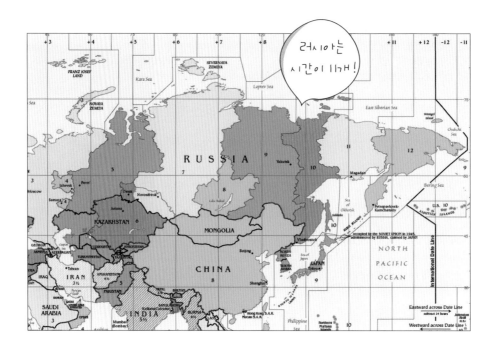

우리나라의 경우는 동경 135°를 기준으로 하는 1개의 표준시를 사용합니다. 하지만 미국은 내륙의 동부, 중앙, 산악, 태평양 표준시와 알래스카, 하와이를 합하여 6개의 표준시를 사용하지요. 그뿐만 아니라 러시아는 11개, 캐나다와 오스트레일리아는 6개, 브라질은 4개의 표준시를 사용하고 있습니다.

이와는 달리, 영토가 동경 73°에서 135°에 이를 정도로 가로로 넓은 중국은 북경과 가까운 동경 120°를 기준으로 하는 하나의 표준시를 사용하고 있습니다. 그래서 똑같은 낮 12시라 하더라도 실제로는 동쪽지역이 오후 1시, 서쪽인 지역이 오전 9시인 경우도 있다고 해요.

여기서 잠깐!

LA에서 PM 1시 48분에 출발하는 비행기는 뉴욕에 PM 9시 29분에 도착합니다. 이때 출발시간은 LA 표준시이고 도착시간은 뉴욕 표준시이지요. 뉴욕은 약 서경 73°이고 LA는 서경 118°입니다. 그렇다면 비행시간은 얼마나 걸릴까요?

(정답은 148쪽에)

 날짜 변경선

날짜 변경선은 자오선과 매우 비슷하게 생겼습니다. 이 선을 경계로 오늘과 어제가 나눠지지요. 날짜선이라고도 불리는 이 선은 북극과 남극을 이어 두 지역의 하루를 구분하는 가상의 선입니다. 날짜 변경선은 경도상의 180번째 자오선과 거의 일치하지만 그 위치가 조금 다르지요. 만일 날짜 변경선이 우리 집과 옆집 사이에 있다면 날짜를 계산하는 것이 매우 헷갈리겠죠? 이런 이유 때문에 날짜 변경선은 되도록 사람이 살지 않는 곳을 지나도록 정했습니다.

날짜선은 태양이 자오선을 지날 때를 정오로 맞춘 시간법을 전 세계적으로 함께 이용하기 위해 생겨났습니다. 그래서 세계일주를 하는 여행자의 경우에는 시간대가 바뀔 때마다 자기 시계를 조정하고, 시계가 자정을 지날 때 하루가 지나는 것으로 계산합니다. 그러다보면 종종 처음 출발한 곳으로 되돌아왔을 때, 그곳의 날짜가 자기가 계산한 날짜와 하루 차이가 나기도 하지요. 이런 경우에 날짜선을 기준으로 시간을 다시 조정한답니다. 날짜를 조정할 때는 날짜선을 지나 동쪽으로 여행했다면 하루 늦추고, 반대로 서쪽으로 여행했다면 하루 앞당깁니다.

릴라바티의 결혼을 막은 물시계

인도에는 물시계와 관련된 슬픈 이야기가 전해져 내려오고 있습니다. 그 이야기의 주인공은 인도의 유명한 수학자인 바스카라 2세의 딸이지요. 바스카라에게는 릴라바티라는 이름의 예쁜 딸이 있었습니다. 그 딸이 태어나자 바스카라는 별자리로 점을 쳤습니다. 하지만 별자리 점의 결과, 릴라바티는 멋진 남자들의 사랑을 놓치고 평생을 독신으로 지낼 운명이었어요.

바스카라는 딸의 이런 운명을 받아들일 수가 없었습니다. 그래서 유명한 점쟁이를 찾아가서 딸이 결혼할 수 있는 방법을 물었습니다. 점쟁이는 바스카라에게 "딸을 데리고 드라비라라는 도시의 사원에 가면 남편감을 찾을 수 있다"고 말을 했어요. 단, 정해진 날 정해진 시간에 결혼식을 올려야만 행복하게 살 수 있다고 말했습니다.

다행히 릴라바티는 드라비라에서 근면하고 정직하며 부유한 젊은이의 청혼을 받게 되었습니다. 그리고 결혼날짜와 시간이 정해졌지요. 하지만 초조하게 결혼식 시간을 기다리던 릴라바티가 물시계를 보려고 고개를 숙이는 순간, 머리핀에 붙은 구슬이 떨어져 물시계의 구멍

을 막아버렸습니다. 그리고 시계는 고장이 나버렸습니다.

결국 정해진 시간이 지나버려 릴라바티는 결혼을 하지 못하게 되었어요. 그 후 릴라바티는 아버지 옆에서 평생 수학 연구를 도왔다고 합니다. 바스카라는 불쌍한 딸을 위해 그가 지은 수학책 이름을《릴라바티》라 붙이게 되었어요. 릴라바티에게 디지털 손목시계만 있었더라도 결혼을 할 수 있었을 텐데. 참 안타깝죠?

화씨·섭씨 아저씨를 아시나요? 온도

김 박사님과 소라, 혁이는 더위를 피해 밀양에 있는 얼음골에 놀러 갔습니다. 친구들은 시원한 바위에 앉아서 부채질을 하며 쉬고 있었지요. 그리고 김박사님은 여름에도 시원한 바람이 나오는 얼음골의 비밀을 밝히기 위해 얼음골의 온도를 재고 있습니다. 그런데 김박사님이 얼음골의 온도가 화씨 32도라고 말씀하시는게 아니겠어요? 혁이는 의아했습니다. 32도라면 여름 중에서도 가장 더울 때의 온도니까요. 왜 김 박사님은 이곳이 32도라고 말했을까요? 그리고 화씨 32도는 우리가 쓰는 32도와 정말 같은 것일까요?

 파렌하이트의 화씨 이야기

독일의 가브리엘 파렌하이트라는 유리 장인은 1714년에 수은이 들어간 가느다란 유리막대를 만들었습니다. 신기하게도 이 유리막대의 수은은 날이 더우면 올라가고 추우면 내려갔어요. 이를 본 파렌하이트는 수은 유리막대로 온도계를 만들기로 결심했습니다. 하지만 그가 처음 만든 유리막대기에는 눈금이 없었지요. 그래서 그는 온도를 표시하는 눈금을 그리기로 했습니다. 그러나 어떤 기준으로 눈금을 그리는가를 두고 파렌하이트는 고민에 빠졌어요.

파렌하이트가 눈금의 기준으로 삼은 것은 원이었습니다. 360도인 원처럼 그는 눈금을 360개로 잘게 나누려고 했지요. 하지만 물의 어는 점과 끓는 점 사이를 360개 눈금으로 나누려다 보니 눈금 사이가 너무 좁아졌습니다. 그래서 그는 눈금을 360의 절반인 180개로 나누기로 했습니다.

▲ 수은 온도계

물의 어는점과 끓는점 사이를 180개 눈금으로 나눈 후, 그는 실험실에서 만들 수 있는 가장 낮은 온도를 0도로, 자신의 체온을 100도로 표시했습니다. 이때 그는 사람들이 살 수 있는 온도를 0도에서 100도 사이로 표시하려 했다고 합니다.

마지막으로 그는 얼음물의 온도를 측정해서 32도라는 결과를 얻었습니다. 이렇게 하여 물이 어는 온도와 끓는 온도는 32℉와 212℉ 사이가 되었지요.

우리가 화씨라고 부르는 온도가 바로 이 파렌하이트이지요. 기호는 파렌하이트의 첫 글자를 딴 F입니다. 그리고 파렌하이트의 중국어 표기인 화륜해특(華倫海特)의 첫 글자를 따서 한국에서도 화씨(華氏)라고 부른답니다.

김 박사님이 잰 화씨32도는 얼음이 어는 온도였군!

화씨는 한때 온도를 나타내는 단위로 세계적으로 쓰였습니다. 그러나 계산하기 편리한 온도 단위인 섭씨가 만들어지면서 화씨를 쓰는 사람의 수는 줄어들었지요. 그래도 영국, 미국처럼 영어를 사용하는 나라는 지금까지도 화씨를 쓰고 있습니다.

여기서 잠깐!

지구에서 가장 낮은 온도는 **-128.2°F**라고 해요. 이는 러시아 보스토크 기지에서 관측된 온도라고 하네요. 지구에서 가장 높은 온도가 관측된 곳은 아프리카 리비아의 알아지지야입니다. 무려 **136.4°F**라고 하네요. 우리 체온이 100°F임을 생각해보면 이 두 장소는 정말 살기 힘든 곳이겠지요?

셀시우스의 섭씨 이야기

이전에는 온도를 나타내는 단위가 없었기 때문에 화씨는 여러 나라에서 환영을 받았습니다. 하지만 이것은 100단위에 익숙한 우리에게는 까다로운 온도 단위였지요. 물이 끓는 온도가 212℉, 어는 온도가 32℉인 것처럼, 화씨는 보기에도 복잡하고 계산하기도 불편했습니다.

이런 불편함을 없앤 섭씨는 1742년 스웨덴의 천문학자이며 웁살라대학 교수였던 셀시우스Anders Celsius 가 만들었습니다. 그는 화씨온도와 달리, 물의 어는점을 0도, 물의 끓는점을 100도로 정한 새로운 온도계를 만들었습니다. 추운 정도와 따뜻한 정도를 쉽게 나타낼 수 있다고 해서 셀시우스의 온도계는 한난계(寒暖計)라고도 불렸지요. 미터법에 맞춘 섭씨는 화씨보다 편리했기 때문에 금방 인기를 얻게 되었습니다. 그리고 지금은 전 세계 대부분의 나라가 섭씨온도를 쓰게 되었습니다.

섭씨는 셀시우스의 이름을 따서 ℃라는 기호로 표시합니다. 셀시우스 역시 화씨와 마찬가지로 셀시우스의

▲셀시우스

중국어 표기 섭이사(攝爾思)첫 자를 따서 섭씨(攝氏)라 불리게 되었지요. 물의 어는점과 끓는점을 100등분한 섭씨. 그리고 어는점과 끓는점을 180등분한 화씨. 그렇다면 화씨F를 섭씨C로, 섭씨C를 화씨F로 바꾸려면 어떻게 해야 할까요?

$$C = \frac{5}{9}F - 32 \qquad\qquad F = \frac{9}{5}C + 32$$

위의 공식을 이용해서 화씨는 섭씨로, 섭씨는 화씨로 한번 바꾸어 볼까요?

(1) 86°F   (2) 68°F   (3) 50°F   (4) 20℃   (5) 35℃

(정답은 148 쪽에)

파렌하이트 이전에도 갈릴레오가 온도를 숫자로 나타내고자 시도했던 적이 있다고 합니다. 그 외에도 수많은 이들의 노력이 더해져 지금의 섭씨·화씨가 생겨났지요. 만일 화씨나 섭씨가 발명되지 않았더라면 우리는 "오늘은 땀이 날 정도로 덥겠습니다" 라는 두루뭉술한 일기예보를 듣게 되었을지도 모릅니다. 지금 돌아보면 분명 수은 온도계와 화씨, 섭씨를 만든 것은 미래를 내다본 대단한 발명이지요?

여기서 잠깐!

사실 처음부터 셀시우스가 물이 어는 온도를 0℃로 정한 것은 아니었습니다. 원래 그는 물이 어는 온도를 100℃, 끓는 온도는 0℃로 정하려고 했다고 합니다.

만약 셀시우스가 온도를 이렇게 정했다면 우리의 정상 체온 36.5℃는 몇 도가 되었을까요? 또 화씨 100℉는 섭씨로 몇 도가 되었을까요?

(정답은 000 쪽에)

곤충의 울음소리로 온도를 알 수 있어!

온도계가 없어도 곤충의 울음소리만 들을 수 있다면 온도를 알 수 있다고 합니다. 아래 신문기사를 한번 읽어 볼까요?

여름이면 으레 수많은 매미들이 도시의 숲과 가로수에서 그리고 한적한 시골의 산속에서 울어댄다. 그러다가 날씨가 점점 시원해지며 가을이 오기 시작하면 매미의 울음은 그치고 대신 귀뚜라미들이 울기 시작한다. 이것은 모두 종족번식을 위한 것인데, 자기의 유전자를 다음 세대에 전하려는 필사의 노력을 기울이는 매미와 귀뚜라미 같은 대부분의 곤충들은 기온의 변화에 따라서 우는 횟수가 다르다고 한다. 실제로 매미와 귀뚜라미가 일 분 동안 우는 횟수를 S라고 하고, 화씨온도를 F라고 하면 S = 4F − 160 이라는 식이 성립한다고 한다.

아주 추운 날 귀뚜라미나 매미가 우는 소리를 들어 보았는가? 온도가 아주 낮아지면 귀뚜라미나 매미가 우는 소리는 들을 수 없게 된다. 실제로 위 식으로 계산해 보면 온도가 40°F 라면 S = 160 − 160 = 0이 된다.

즉, 귀뚜라미는 울지 않는다. 그런데 온도가 45°F 가 되면 S = 180 − 160 = 20이므로 1분에 20회를 운다. 반면에 온도가 70°F 정도로 올라가면 S

= 320 − 160 = 160 이므로 1분에 160회 정도로 매우 시끄럽게 울어댄다.

'밥상위에 오른 수학' 자자 한서대 이광연 교수

이것을 거꾸로 생각해 볼까요? 귀뚜라미가 1분에 몇 번 우는가를 조사하여 식에 대입하면 우리는 온도를 알 수 있습니다. 그렇다면 귀뚜라미가 1분에 40번 우는 날의 온도는 섭씨로 몇 도일까요?

(정답은 148 쪽에)

숫자의 화려한 변신!
어림하기

　미미와 미나는 할머니 생신을 앞두고 어떤 선물을 드릴지 고민하고 있었어요. 이때 미미가 할머니와 비슷한 연세의 김 박사님께 물어보자는 아이디어를 냈습니다. 김 박사님께 찾아간 미미와 미나는 할머니가 어떤 선물을 좋아하실지 여쭸습니다. 그러자 김 박사님께서 할머니의 연세가 정확히 얼마나 되는지 미미와 미나에게 물었지요. 한참을 생각하던 미미와 미나는 아주 정확하게 할머니가 얼마나 사셨는지를 대답했습니다.

"저희 할머니는 54년 8개월 24일 16시간 8분 18초 동안 사셨어요."

왜 사람들은 미미나 미나처럼 말하지 않을까요? 이렇게 말하면 듣는 사람이 이해하기 힘들기 때문입니다. 정확한 계산이 매우 중요한 요즘은 미미와 미나처럼 정확한 답을 말하는 것만큼이나 답의 어림값을 찾아내는 것도 중요해졌습니다. 이렇게 정확한 긴 수는 계산하는 것도, 다른 사람에게 말하는 것도 어렵기 때문이지요.

그래서 대부분의 사람들은 '약' 또는 '쯤' 이라는 말을 붙여서 "54세 쯤 됩니다"라고 말을 하지요. 이것이 바로 어림한 값입니다. 어림값을 구할 때는 학교에서 배우는 계산법, 자릿값, 그리고 1권에서 공부했던 암산에도 익숙해야 하지요. 다음의 숫자들은 모두 정확한 값이 아니라 어림한 값이랍니다.

어림값의 예

박물관에 있는 그 공룡의 뼈는 6500만 년 전 것이야.

소희네 집은 학교에서 550m 떨어져 있어.

우리 마을의 7월 평균 기온은 29.5℃야.

이 교실의 넓이는 65m²이란다.

올림과 버림

세상에서 가장 큰 나무는 키가 110m 나 된대. 버림

→ 세상에서 가장 큰 나무는 키가 약 100m래.

 1975년 홍콩에는 190746대의 차가 있었대. 올림

→ 1975년 홍콩에는 약 200000대의 차가 있었대.

이와 같이 어림한 값은 정확한 값이 아니라 눈대중으로 그 양이나 길이를 추측한 값이지요. 이것은 수가 너무 커서 정확한 계산이 힘들 때, 인구나 기압처럼 빨리 수치가 변할 때 사용합니다. 가장 흔한 어림방법은 위에 나와 있는 올림과 비림입니다. 위의 올림과 버림을 유심히 살펴보세요. 올림은 수를 조금 더하고 버림은 수를 조금 덜지요? 작은 변화이지만 숫자는 훨씬 계산하기 좋게 간단해졌습니다.

: # 반올림으로 쉽게 말해요

어림하는 방법 중에 가장 널리 쓰이는 것이 반올림입니다. 반올림이란, 5이상의 수는 다음 자릿수에 1을 더하고, 4 이하의 수는 0으로 바꾸는 방법이지요. 예를 들어 생각해 볼까요? 소라는 친구들 16명에게 지우개를 선물하려고 합니다. 한 명에 하나씩 선물해야 하니까 필요한 지우개는 16개이지요. 그런데 지우개는 5개씩 포장되어 팔리고 있군요.

그렇다면 소라는 4개가 남더라도 4묶음을 사거나, 1명에게 선물하지 못하더라도 3묶음을 사야겠지요? 이때 소라가 1의 자리를 반올림한다면 지우개 4묶음을 사야 합니다. 1의 자리를 반올림하면 6이 5보다 큰 수이므로 6이 0으로, 10의 자리에 1은 2로 바뀌기 때문이지요.

만일 소라에게 필요한 지우개가 482개라면 어떻게 될까요? 먼저 1의 자리를 반올림하면 480이 되지요. 10의 자리를 반올림하면 어떻게 될까요? 8이 5보다 크므로 500이 됩니다.

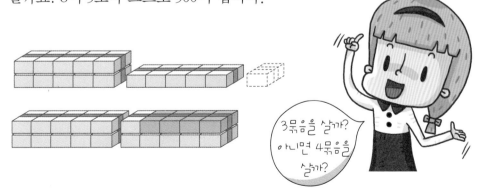

3묶음을 살까? 아니면 4묶음을 살까?

CHAPTER 10

숫자의 화려한 변신 어림하기

131

482의 2는 5보다 작은 수 → 1의 자리 2는 버림 → 480

482의 8은 5보다 큰 수 → 10의 자리 8은 올림하고 1의 자리 2는

0으로 표시 → 500

여기서 잠깐!

앞에서 두 번째 자리를 반올림해 볼까요?

1. 69

2. 495

3. 5772

(정답은 149 쪽에)

여러 가지 어림셈 방법

덧셈 어림하기

최근 3일 동안 야구장에 간 사람의 수는 각각 75145명, 34135명, 55124명이었다고 합니다. 3일 동안 야구장을 간 사람은 대략 몇 명일까요?

앞자리로 어림하기

맨 앞자리의 수만 더합니다. 그러면 70000 + 30000 + 50000 = 150000이 됩니다. 그러므로 150000명이라고 어림해 볼 수 있겠지요?

좀 더 정확하게 어림하기

앞에서 두 번째 자리끼리 더하면 5000 + 4000 + 5000 = 14000이 됩니다. 여기에 맨 앞자리의 합을 더하면 150000 +14000 = 164000명이라는 좀더 정확한 수가 나옵니다.

반올림하여 어림하기

여기서는 1000의 자리를 반올림해서 어림셈을 해 봅시다. 1000의 자리를 반올림하면 80000 + 30000 + 6000 = 170000 이므로 170000명이 됩니다.

적절한 수로 만들어 어림하기

앞의 두 자리를 더하기 편한, 즉 쉽게 계산할 수 있는 수로 생각하고 어림을 해 볼까요? 즉 75145를 75000으로, 34135를 35000으로, 55124를 55000으로 생각하고 계산을 하면 75000 + 35000 + 55000 = 165000으로 어림할 수 있습니다.

이제 위에서 알아본 4가지 방법으로 다음을 어림해 볼까요?

월드컵 경기장에 3일 동안 들어간 관중의 수가 각각 32425명, 31456명, 34234명이었습니다. 3일 동안 대략 몇 명의 관중이 축구를 관람하였는지 친구들이 첫 번째, 두 번째 자리의 어림값을 더해 답을 찾아 보세요.

(정답은 149쪽에)

뺄셈 어림하기

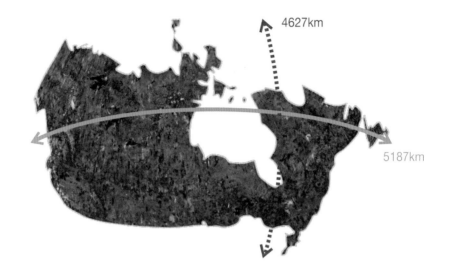

캐나다는 국토가 매우 넓어서 동쪽 끝과 서쪽 끝 사이의 거리가 5187km, 남쪽 끝과 북쪽 끝 사이의 거리는 4627km라고 합니다. 동서의 거리는 남북의 거리보다 대략 얼마나 길까요?

반올림하여 대략의 값으로 어림하기

반올림하여 100의 자리까지 나타내면 5200, 4600이 되지요. 그러므로 5200 - 4600 = 600 이 됩니다. 따라서 동서의 거리가 남북의 거리보다 약 600km 정도 더 길지요.

보다 정확하게 어림하기

5187은 5200보다 10쯤 적고, 4627은 4600보다 30쯤 많습니다. 반올림해서 구한 5200 - 4600 = 600 에 원래 수와의 차이, 즉 40을 빼서 560km라고 어림할 수 있습니다.

위의 두 방법으로 다음을 어림하여 볼까요?

1. 5274 - 2768
2. 9034 - 3977
3. 7209 - 3741

(정답은 149 쪽에)

곱셈 어림하기

앞자리부터 차례로 어림하기

이 방법은 서로 곱하는 수 중 하나가 한 자리의 수 일 때 매우 편리합니다. 4531 × 6을 어림해 볼까요? 먼저 맨 앞자리부터 차례대로 따로 계산을 하는 방법이 있습니다. 다음의 순서로 풀면 큰 숫자의 곱셈도 비교적 빨리 어림한 수를 구할 수 있답니다.

$$4531 \times 6 \quad \rightarrow \quad 4000 \times 6 = 24000$$

$$500 \times 6 = 3000을 \ 더해준다.$$

$$24000 + 3000 = 27000으로 \ 어림한다.$$

여기서 잠깐!

위의 방법으로 다음을 어림해 볼까요?

1. 638×7

2. 7613×6

3. 46293×6

(정답은 149 쪽에)

반올림하여 어림하기

앞에서 두 번째 자리에서 반올림을 하고 계산을 하는 방법도 있습니다. 만일 두 자리 이상의 수끼리 곱하는 경우라면 두 수 모두 앞에서 두 번째 자리에서 반올림을 해서 간단하게 수를 정리합니다. 예를 들어 3756 + 7864를 앞에서 두 번째 자리에서 반올림해서 계산한다면 4000 + 8000 = 12000이 되겠지요?

$2931 \times 7 \quad \rightarrow \quad 3000 \times 7 = 21000$ 으로 어림한다.

$1588 \times 21 \quad \rightarrow \quad 2000 \times 20 = 40000$ 으로 어림한다.

$83 \times 46 \quad \rightarrow \quad 80 \times 50 = 4000$ 으로 어림한다.

여기서 잠깐!

위의 방법으로 다음을 어림해 볼까요?

1. 4286×8

2. 79×34

3. 4991×32

(정답은 150 쪽에)

한 수는 올리고, 다른 수는 버려서 어림하기

두 자리 이상의 수끼리 곱할 때, 하나는 앞에서 두 번째 자리에서 올림하고 나머지 수는 같은 자리에서 버림하는 방법도 있습니다.

$95 \times 45 \quad \rightarrow \quad 100 \times 40 = 4000$ 으로 어림한다.

$64 \times 44 \quad \rightarrow \quad 70 \times 40 = 2800$ 으로 어림한다.

여기서 잠깐!

앞의 방법으로 다음을 어림해 볼까요?

1. 69×85

2. 93×41

3. 356×46

(정답은 150쪽에)

나눗셈 어림하기

적절한 수로 만들어 어림하기

지금까지는 자연수로 계산하는 예를 보았지요? 하지만 계산을 하다 보면 소수로 자연수를 나누거나 소수끼리 나누는 경우도 많이 있습니다. 이럴 때는 소수점 첫 번째 자리를 어림해서 계산을 하면 한결 편하게 정답에 가까운 수를 구할 수 있지요.

$4796 \div 8$ → $4800 \div 8 = 600$ 으로 어림한다.

$193 \div 4$ → $200 \div 4 = 50$ 으로 어림한다.

$3472 \div 18$ → $3600 \div 18 = 200$ 으로 어림한다.

$547 \div 7.8$ → $560 \div 8 = 70$ 으로 어림한다.

$25718 \div 68$ → $28000 \div 70 = 400$ 으로 어림한다.

여기서 잠깐!

앞의 방법으로 다음을 어림해 볼까요?

1. 3508 ÷ 6
2. 8913 ÷ 29
3. 4702 ÷ 6.9

(정답은 150 쪽에)

　　지금까지 다양한 어림하기 방법을 살펴봤어요. 물론 이렇게 숫자를 바꿔서 답을 구하는 방법이 정확한 답을 알려주지는 않습니다. 하지만 시간이 촉박할 때 대략의 값을 알아내는 데는 매우 편리하답니다. 친구들도 다음 수학 시험 때는 내가 푼 문제가 정답과 비슷하게 나왔는지 어림하기로 맞춰보세요.

진주가
어림잡아 10개정도
달려 있어요!

계산을 할 때 어림을 하는 것만큼이나 눈앞의 물건이 몇 개인지 알아
내는 어림도 중요합니다. 다음 그림을 보고 주차장에 세워놓은 차가
모두 몇 대인지 어림해 보세요.

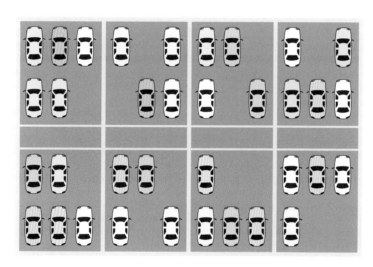

1. 네모 한 칸 안에 들어 있는 자동차의 대수를 세어 봅시다.

2. 주차장 안에 네모가 몇 개 있는지 어림하여 봅시다.

3. 주차장에 있는 차는 모두 몇 대인지 말해 봅시다.

4. 차 한대에 2명씩 탄다고 하면 모두 몇 명이 이 주차장을 이용
   했을까요?

(정답은 150 쪽에)

소라와 혁이의 1년을 어림하기!

1. 소라가 먹은 사탕의 수에 가장 가까운 것을 고르세요.

소라는 네 시간에 박하사탕을 하나씩 먹습니다. 사탕은 한 봉지에 20 개가 들어있지요. 소라는 일주일에 약 (①)개의 사탕을 먹고, 한 달 (4주)에 (②)봉지의 사탕을 먹습니다. 일 년이면 (③)봉지 정도를 먹지요.

> ① 30개   40개   50개
>
> ② 6봉지   7봉지   8봉지
>
> ③ 100봉지   200봉지   300봉지

2. 혁이가 자전거를 탄 시간에 가장 가까운 것을 고르세요.

혁이는 일주일에 13시간 자전거를 탑니다. 혁이는 한 달(4주) 동안 약 (①)시간 자전거를 타는 셈이지요. 그리고 일 년에 약 (②)일 자전 거를 탑니다.

(정답은 150 쪽에)

> ① 10시간   30시간   50시간
>
> ② 10일   30일   50일

1장. 임금님 발은 1피트 feet! – 길이

20쪽 한 걸음 더

1) 1리는 4km입니다. 100000km를 리로 바꾸려면 4로 나눠야겠지요?

그러므로 100000 ÷ 4 = 250000里

2) 1마일은 1.6km입니다. 100000km를 마일로 바꾸려면 1.6으로 나눠야겠지요?

그러므로 1000000 ÷ 1.6 = 62500mile

 2장. 누가 누가 넓을까? – 넓이

22쪽 방전의 넓이 구하기 12보 × 14보 = 168보

23쪽 사전의 넓이 구하기 (6 + 20) × (6) = 156보

26쪽 a = 12, b = 3 그러므로 8, 8cm^2

26쪽 픽의 정리를 이용해서 도형의 넓이 구하기

a = 28, b = 28

$\frac{28}{2}$ + (28 − 1) = 14 + 27 = 41

30쪽 포장지에 알맞은 상자를 찾기

삼각상자의 겉넓이 = (윗면 + 밑면) + 3개 옆면의 넓이

= ($\frac{3 \times 4}{2}$ ×2) + 6×3 + 5×3×2 = 24 + 18 + 30 = 72cm^2

사각상자의 겉넓이 = 윗면과 아랫면의 넓이는 같고, 마주보는 옆면끼리는 넓이가 같아요.

$5 \times 4 \times 2 + 5 \times 3 \times 2 + 4 \times 3 \times 2 = 40 + 30 + 24 = 94 \text{cm}^2$

그러므로 삼각상자로 포장해야 합니다.

31쪽 분홍색 사각형의 넓이를 구하기

분홍색 사각형의 한 변을 a,

보라색 사각형의 한 변을 b라고 하면

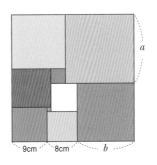

$9 + 8 + b = a + b$

$a = 17 \text{cm}$

그러므로 한 변의 길이가 17cm인 정사각형의 넓이는

289cm^2

9cm 8cm b

 3장. 먹으면 안 돼요! – 파이(π)

40쪽 도넛 모양 편지지의 넓이

(큰 원의 넓이) – (작은 원의 넓이) $= \pi \times (12)^2 - \pi \times 3$

$= 144\pi - 9\pi = 135 \times 3.14 = 423.9 \text{cm}^2$

44쪽 왜 소수점 아래 30번째 자리까지만?

π의 소수점 31번째 자리는 바로 0이기 때문입니다.

45쪽 한 걸음 더

지구의 허리띠 $= 2\pi r = 2r\pi = $ 지름 $\times 3.14 = 12800 \times 3.14 = 40192 \text{km}$

1km를 띄워서 지구의 허리를 두른다는 말은 반지름이 1km 더 늘어난다는 말과 같습니다.

그러므로 $(12800 + 2) \times 3.14 = 40198.28 \text{km}$

4장. 내가 쏟은 주스는 얼마일까? - 부피

49쪽 혁이가 쏟은 주스의 양은?

소라의 주스 = $\pi r^2 \times$ 높이 = $\pi \times 4 \times 20 = 3.14 \times 80 = 251.2 cm^3$

혁이가 쏟은 주스의 양 = $\frac{4}{3} \pi \times (3)^3 = \frac{4}{3} \pi \times (27)$

$$= 4\pi \times 9 = 36\pi = 36 \times 3.14 = 113.04 cm^3$$

52쪽 작은 원뿔로 원기둥에 물을 채우려면?

왼쪽에 있는 원뿔의 높이와 반지름을 연결하면 삼각형이 하나 생기지요. 이 삼각형의 높이를 반으로 나누면 원래 높이의 절반이 작은 원뿔의 높이가 됩니다.

이때, 큰 삼각형을 절반으로 축소한 것이 작은 삼각형임을 알 수 있습니다. 그러므로 작은 원뿔의 반지름은 큰 원뿔의 절반이 되지요? 큰 원뿔의 반지름을 r이라고 하면 작은 원뿔의 반지름은 $\frac{r}{2}$ 입니다. 이 두 원뿔의 부피를 비교해보면 아래와 같지요

큰 원뿔의 부피 = $\pi r^2 \times$ 높이 $\times \frac{1}{3}$

작은 원뿔의 부피 = $(\frac{r}{2}) \times (\frac{높이}{2}) \times \frac{1}{3} = \frac{1}{3} \pi r^2 \times$ 높이 $\times \frac{1}{3}$

그래서 $3 \times 8 = 24$ 물을 24번 부어야 한다

59쪽 치약과 농구공, 캔음료의 들이!

1) 치약튜브는 약 $200 m\ell$ 2) 농구공은 약 8ℓ 3) 캔음료는 약 $250 m\ell$

 ## 5장. 린드 파피루스의 비밀 - 분수

71쪽 소라는 250페이지를 읽었습니다.

같은 페이지 : 6과 12, 50의 최소공배수 = (120)

$$\frac{5}{6} + \frac{1}{12} + \frac{1}{50} = \frac{5 \times (50)}{6 \times 50} + \frac{25}{(300)} + \frac{6}{(300)} = \frac{(181)}{(300)}$$

 ## 6장. 지구야 그만 좀 잡아당겨 – 무게

83쪽 분홍색 원판 하나의 무게 = a

파랑색 원판 하나의 무게 = b

초록색 원판 하나의 무게 = c

저울 1) $3a = a + b \rightarrow 2a = b$

저울 2) $2c + a = b + c \rightarrow 2c + a = 2a + c \rightarrow c = a$

분홍색 원판 하나의 무게는 초록색 원판 하나의 무게와 같아요. 그러므로

분홍색 원판 3개의 무게는 초록색 원판 3개의 무게와 같습니다.

89쪽 양팔저울로 무게 재는 방법

1) 먼저 저울의 한 쪽에는 벽돌을, 다른 한 쪽에는 무게를 재려는 물건을 올립니다.

　그리고 벽돌의 수를 조절해서 저울이 평행상태가 되도록 하지요.

2) 저울이 평행상태가 되면, 한쪽 접시의 물건을 내리고 다시 평행이 되도록 벽돌을

　채웁니다.

3) 이때 올린 벽돌의 개수가 바로 물건의 무게가 됩니다.

 ## 8장. 태양의 기상시간은? – 시간

108쪽 모래시계를 이용했답니다.

115쪽 출발시간을 LA시간 또는 뉴욕 시간으로 통일한 후 도착시간에서 출발시간을 빼면 답이 나옵니다. 여기서는 도착시간을 LA시간으로 바꿔볼까요?

시간은 경도 15°마다 한 시간씩 변합니다. 이제 뉴욕과 LA의 각도 차이를 15°로 나눠봅시다.

$(118 - 73) ÷ 15 = 45 ÷ 15 = 3$

도착시간에서 출발시간을 뺀 다음, 시차만큼(3시간)을 더 빼주면 비행시간이 나오겠지요?

(9시 29분 − 1시 48분) − 3시간 = 7시간 41분 − 3시간 = 4시간 41분

 9장. 화씨 · 섭씨 아저씨를 아시나요? – 온도

124쪽 $C = \dfrac{5}{9}F - 32$ $F = \dfrac{9}{5}C - 32$ 2

(1) 86℉ = 30℃   (2) 68℉ = 20℃   (3) 50℉ = 10℃

(4) 20℃ = 68℉   (5) 35℃ = 95℉

125쪽 섭씨로는 물이 어는 온도가 0, 끓는 온도가 100입니다. 섭씨 온도계를 뒤집은 것이 처음 셀시우스가 생각한 온도계의 모양이 되겠지요?

그러므로 100℉는 0℃, 체온은 63.5℉가 됩니다.

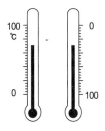

127쪽 $S = 4F - 160$ 귀뚜라미가 1분에 40번 울었다고 한다면

$40 = 4F - 160 → 200 = 4F → F = 50$

이를 섭씨로 바꾸면

$(50 - 32)\dfrac{5}{9} = 18 × \dfrac{5}{9} = 10℃$

10장. 숫자의 화려한 변신 어림하기

132쪽 여기서 잠깐

1. 69 → 70   2. 495 → 500   3. 5772 → 6000

134쪽 3일 동안 축구를 본 사람들은?

32425 + 31456 + 34234의 어림값을 구하면 되지요?

앞에서 첫 번째 자리 어림셈: 30000 + 30000 + 30000 = 90000

앞에서 두 번째 자리 어림셈: 2000 + 1000 + 4000 = 7000

그러므로 약 97000명

136쪽 여기서 잠깐

1) 5274 − 2768 → 5000 − 3000 = 2000

   2000 + 70 − 300 → 1730

2) 9034 − 3977 → 9000 − 4000 = 5000

   5000 + 30 − 100 → 4930

3) 7209 − 3741 = 7000 − 4000 = 3000

   3000 + 200 − 300 = 2900

137쪽 여기서 잠깐

1) 638 × 7   → 600 × 7 = 4200   →   30 × 7 = 210
                                           4200 + 210 = 4410

2) 7613 × 6   → 7000 × 6 = 42000   →   600 × 6 = 3600
                                           42000 + 3600 = 45600

3) 46293 × 6 → 40000 × 6 = 240000   →   6000 × 6 = 36000
                                           240000 + 36000 = 276000

138쪽 여기서 잠깐

1) $4286 \times 8 \rightarrow 4000 \times 8 = 32000$ 2) $79 \times 34 \rightarrow 80 \times 30 = 2400$

3) $4991 \times 32 \rightarrow 5000 \times 30 = 150000$

139쪽 여기서 잠깐

1) $69 \times 85 \rightarrow 70 \times 80 = 5600$ 2) $93 \times 41 \rightarrow 100 \times 40 = 4000$

3) $356 \times 46 \rightarrow 400 \times 40 = 16000$

140쪽 여기서 잠깐

1) $3508 \div 6 \rightarrow 3600 \div 6 = 600$ 2) $8913 \div 29 \rightarrow 9000 \div 30 = 3000$

3) $4702 \div 6.9 \rightarrow 4800 \div 6 = 800$

141쪽 한 걸음 더

1) 맨 왼쪽, 위쪽 네모에는 차가 5대 있습니다.

2) 주차장 안에는 네모가 8개 있습니다.

3) $5 \times 8 = 40$ 약 40대의 차가 있습니다.

4) 한 내에 두 명씩 탄다면? $40 \times 2 = 80$ 약 80명이 주차장을 이용했습니다.

142쪽 소라와 혁이의 1년을 어림하기

1) 소라는 일주일에 약 40개의 사탕을 먹고, 한 달에 약 8봉지의 사탕을 먹습니다.
   일 넌이면 100봉지 정도를 먹지요

2) 혁이는 한 달에 약 50시간 자전거를 타는 셈이지요. 그리고 일 년에 약 30일 자전거를 탑니다.

신항균

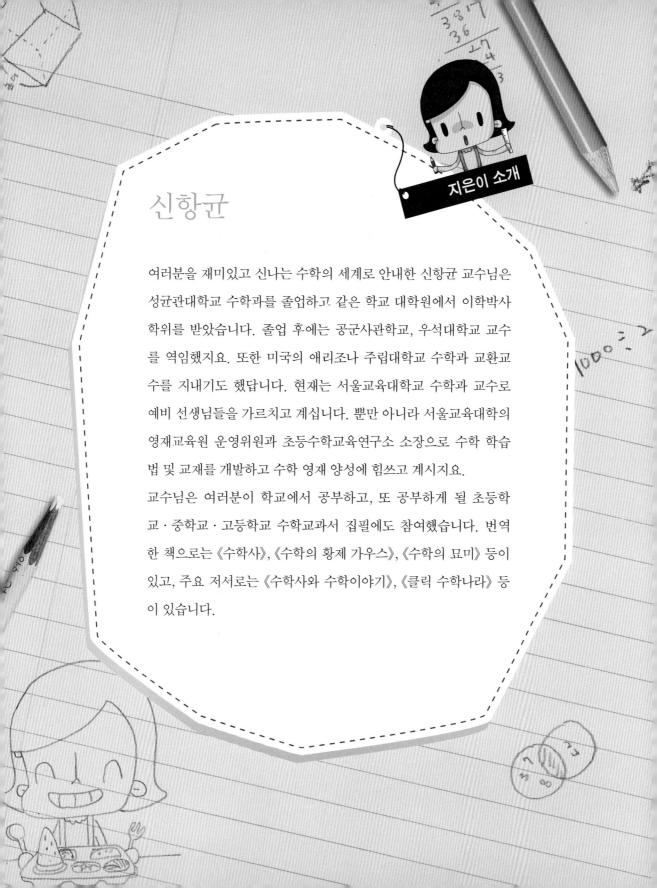
지은이 소개

여러분을 재미있고 신나는 수학의 세계로 안내한 신항균 교수님은 성균관대학교 수학과를 졸업하고 같은 학교 대학원에서 이학박사 학위를 받았습니다. 졸업 후에는 공군사관학교, 우석대학교 교수를 역임했지요. 또한 미국의 애리조나 주립대학교 수학과 교환교수를 지내기도 했답니다. 현재는 서울교육대학교 수학과 교수로 예비 선생님들을 가르치고 계십니다. 뿐만 아니라 서울교육대학의 영재교육원 운영위원과 초등수학교육연구소 소장으로 수학 학습법 및 교재를 개발하고 수학 영재 양성에 힘쓰고 계시지요.

교수님은 여러분이 학교에서 공부하고, 또 공부하게 될 초등학교·중학교·고등학교 수학교과서 집필에도 참여했습니다. 번역한 책으로는 《수학사》, 《수학의 황제 가우스》, 《수학의 묘미》 등이 있고, 주요 저서로는 《수학사와 수학이야기》, 《클릭 수학나라》 등이 있습니다.

한언의 사명선언문

Since 3rd day of January, 1998

Our Mission --·우리는 새로운 지식을 창출, 전파하여 전 인류가 이를 공유케 함으로써 인류문화의 발전과 행복에 이바지한다.

--·우리는 끊임없이 학습하는 조직으로서 자신과 조직의 발전을 위해 쉼없이 노력하며, 궁극적으로는 세계적 컨텐츠 그룹을 지향한다.

--·우리는 정신적, 물질적으로 최고 수준의 복지를 실현하기 위해 노력하며, 명실공히 초일류 사원들의 집합체로서 부끄럼없이 행동한다.

Our Vision 한언은 컨텐츠 기업의 선도적 성공모델이 된다.

저희 한언인들은 위와 같은 사명을 항상 가슴 속에 간직하고
좋은 책을 만들기 위해 최선을 다하고 있습니다.
독자 여러분의 아낌없는 충고와 격려를 부탁드립니다.

· 한언 가족 ·

HanEon's Mission statement

Our Mission --·We create and broadcast new knowledge for the advancement and happiness of the whole human race.

--·We do our best to improve ourselves and the organization, with the ultimate goal of striving to be the best content group in the world.

--·We try to realize the highest quality of welfare system in both mental and physical ways and we behave in a manner that reflects our mission as proud members of HanEon Community.

Our Vision HanEon will be the leading Success Model of the content group.